"宽早优"
绿色高质高效机采棉生产技术

马小艳　王香茹　贵会平　张一豪　时增凯　主编

中国农业科学技术出版社

图书在版编目(CIP)数据

"宽早优"绿色高质高效机采棉生产技术 / 马小艳等主编. -- 北京：中国农业科学技术出版社，2024. 11. -- ISBN 978-7-5116-7212-4

Ⅰ.S562

中国国家版本馆 CIP 数据核字第 202565W7V9 号

责任编辑　于建慧
责任校对　李向荣
责任印制　姜义伟　王思文

出 版 者	中国农业科学技术出版社
	北京市中关村南大街 12 号　　邮编：100081
电　　话	（010）82109708（编辑室）　　（010）82106624（发行部）
	（010）82109709（读者服务部）
网　　址	https：//castp.caas.cn
经 销 者	各地新华书店
印 刷 者	北京中科印刷有限公司
开　　本	170 mm×240 mm　1/16
印　　张	11
字　　数	208 千字
版　　次	2024 年 11 月第 1 版　2024 年 11 月第 1 次印刷
定　　价	40.00 元

◆版权所有·翻印必究◆

《"宽早优"绿色高质高效机采棉生产技术》

编委会

主　编：马小艳　王香茹　贵会平　张一豪
　　　　时增凯

副主编：庞念厂　刘爱忠　罗　彤　王倩倩
　　　　张恒恒　彭　凯

编写人员：（以姓氏拼音为序）
　　　　董　强　冯宏祖　贵会平　刘爱忠
　　　　罗　彤　马小艳　庞念厂　彭　凯
　　　　时增凯　宋美珍　王　兰　王光强
　　　　王倩倩　王香茹　魏立群　张恒恒
　　　　张聚明　张鹏飞　张一豪

前 言

棉花是重要的经济作物、纺织工业原料和重要战略物资。新疆维吾尔自治区（以下简称新疆）目前已成为重要的棉花产区，植棉面积占全国的80%以上，产量占全国比重已超90%。新疆是我国棉花产业发展的源头，国家棉花产业安全取决于新疆。新疆棉花的丰收，不仅得益于新疆这片沃土，更离不开植棉技术的创新和发展。新疆"矮密早"植棉模式及其综合配套栽培技术的研究与大面积推广，为新疆棉花的高质量发展做出了历史性贡献，然而近年来，随着棉花品种综合潜力的加大、棉花规模化生产及机械化程度的进一步提高，特别是机采棉在新疆的大规模发展，新疆传统植棉模式出现诸多技术难题，尤其是对棉花品种丰产潜力大、水肥条件好、土壤肥力高的棉田，矛盾更为突出。

针对新时代新疆棉花产量、品质、效益协同提升的重大需求，中国农业科学院棉花研究所棉花绿色增产增效创新团队和中国农业科学院西部农业研究中心高品质棉生产模式与技术创新团队，联合新疆棉花科研、生产、推广等相关单位，经过10余年的潜心研究，在创新和发展新疆传统"矮密早"植棉技术的基础上，创新性地提出了机采棉栽培新模式——"宽早优"植棉技术。

"宽早优"植棉技术于2021年和2022年连续两年被列为农业农村部农业主推技术，2021—2024年连续4年被列为新疆博州主推技术，2022—2024年连续3年被列为新疆昌吉州主推技术。为加快"宽早优"植棉技术的推广应用，作者编纂了《"宽早优"绿色高质高效机采棉生产技术》一书，以满足广大棉农的实际生产需要，并希望对新疆棉花的高质量发展作出应有贡献。

全书共包含7个部分，在介绍了"宽早优"植棉技术特点和适用范围的基础上，按照棉花不同生育期详细讲解了新疆"宽早优"绿色高质高效机采棉花田间生产管理技术，包括备播、播种、肥水管理、病虫草害防治、化学调控、防灾减灾、地膜回收和棉花采收技术。本书可为政府管理部门、农业技术推广部门、农业生产合作社、农场主、农户开展"宽早优"植棉提供参考。

本书编纂过程中，得到了中国农业科学院棉花研究所、中国农业科学院西部农业研究中心、新疆维吾尔自治区科学技术协会等有关单位的大力支持和帮助，得到了新疆维吾尔自治区"天池英才"引进计划支持，在此表示深深的感谢。在本书撰写过程中，参阅了大量文献，谨向所有作者表示衷心感谢。由于笔者水平所限，书中难免有缺点和不足之处，敬请专家、同仁和广大读者批评指正。

本书编委会

2024年7月

目　录

第一章　"宽早优"植棉模式概述 ·· 1
    第一节　"宽早优"植棉模式的背景 ··· 1
    第二节　"宽早优"植棉模式的创建 ··· 2
    第三节　"宽早优"植棉模式应用 ·· 6
    第四节　"宽早优"植棉模式标准化 ·· 15

第二章　"宽早优"棉花备播及播种技术 ···································· 17
    第一节　备播技术 ·· 17
    第二节　播种技术 ·· 23
    第三节　地膜覆盖与滴灌管网铺设技术 ···································· 29
    第四节　病虫草害防治 ··· 31

第三章　"宽早优"棉花苗期管理技术 ······································· 34
    第一节　肥水管理 ·· 34
    第二节　化学调控 ·· 40
    第三节　病虫草害防治 ··· 41
    第四节　防灾减灾技术 ··· 45

第四章　"宽早优"棉花蕾期管理技术 ······································· 51
    第一节　肥水管理 ·· 51
    第二节　化学调控 ·· 54
    第三节　病虫草害防治 ··· 55
    第四节　防灾减灾技术 ··· 57

第五章　"宽早优"棉花花铃期管理技术 ···································· 61
    第一节　肥水管理 ·· 61

第二节　化学调控 …………………………………………… 64
   第三节　病虫草害防治 ………………………………………… 70
   第四节　地膜回收技术 ………………………………………… 72
   第五节　防灾减灾技术 ………………………………………… 78
第六章　"宽早优"棉花吐絮期管理技术 ………………………… 80
   第一节　脱叶催熟技术 ………………………………………… 80
   第二节　病虫草害防治 ………………………………………… 84
第七章　"宽早优"棉花采收期管理技术 ………………………… 87
   第一节　机械化采收技术 ……………………………………… 87
   第二节　"宽早优"机采棉生产 ……………………………… 91
参考文献 ……………………………………………………………… 94
附　录 ………………………………………………………………… 97
   《"宽早优"机采棉优质化生产技术规程》………………… 97
   《"宽早优"机采棉生产技术规程》………………………… 102
   《"宽早优"植棉种子质量标准》…………………………… 106
   《"宽早优"植棉播种质量控制技术规程》………………… 109
   《"宽早优"机采棉脱叶催熟技术规程》…………………… 112
   《"宽早优"机采棉全程机械化技术规范》………………… 114
   《"宽早优"机采棉品种标准》……………………………… 119
   《"宽早优"优质机采棉化学调控与脱叶催熟技术规程》… 122
   《"宽早优"机采棉有机肥替代部分化肥技术规范》……… 125
   《"宽早优"亩产籽棉 550 kg 植棉技术规程》……………… 128
   《"宽早优"棉田农用残膜回收技术规程》………………… 133
   《机采棉花膜下肥水滴灌技术规程》………………………… 137
   《机采棉单产皮棉 3 000 kg/hm² 栽培技术规程》…………… 142
   《机采棉脱叶催熟技术规程》………………………………… 148
   《机采棉化学封顶技术规程》………………………………… 151
   《戈壁地机采棉花高产优质生产技术规程》………………… 154
   《西北内陆棉区中长绒棉栽培技术规程》…………………… 160
   《西北内陆棉区棉花全程机械化生产技术规范》…………… 163

第一章

"宽早优"植棉模式概述

我国是世界棉花生产大国,但不是棉花产业强国,原因是我国棉花品质与美棉、澳棉相比存在差距,在国际市场上竞争力不强,话语权偏低。新疆是我国最重要的棉花产区,植棉面积占全国的80%以上,产量已超全国的90%,在我国棉花生产中占有重要地位。随着机采棉在新疆大规模发展,新疆传统"矮密早"植棉模式由于行距过窄、密度过大、花铃期郁闭严重、通风透光性差、烂铃和脱落严重、中下部棉铃铃期延长等,导致新疆棉花单产潜力受限、棉花品质偏差、植棉成本飙升、植棉效益偏低等,特别是对棉花品种丰产潜力大、水肥条件好、土壤肥力高的棉田,这些问题尤为突出。在此背景下,中国农业科学院棉花研究所(以下简称中棉所)、西部农业研究中心联合新疆棉花科研、生产、推广相关单位,从创新新疆植棉模式入手,经过10多年的潜心研究,率先建立了"宽早优"植棉新模式,研究了"宽早优"棉花光温水肥高效利用机理,构建了"宽早优"棉花高产优质高效综合栽培技术及其推广体系,在新疆棉区得以示范推广和应用5 000万余亩,取得了显著的经济效益和社会效益。同时,探索建立了"宽早优"棉花订单生产新机制,为新疆棉花高质量发展提供了一套系统性方案。

第一节 "宽早优"植棉模式的背景

在中华人民共和国成立至1979年改革开放前的30年间,新疆棉花种植面积3.1万~17.2万 hm^2、皮棉总产0.5万~7.9万 t、平均单产169~494 kg/hm^2,棉花总产仅占全国总产的1%~4%,生产规模总体较小,植棉技术处于探索阶段。进入20世纪80年代,针对新疆春季气温低且进入9月中旬后温度下降快、有效积温不足的问题,新疆经历了一系列探索与实践,探寻了光温水肥优化利用、棉花个体与群体协调、病虫害防治,以及化学调控与机械配套等技术途径,研发了相关技术措施,逐渐形成了具有鲜明区域特色的"矮密早"种植模式。通过"矮密早"种植模式，结合品种改良，成功使新疆大面积皮棉单产提高到 2 000 kg/hm² 以上，达到世界先进水平。2019 年，新疆植棉面积 254.1×10⁴ hm²，占全国植棉总面积的 76.1%，约占世界植棉面积的 8.3%；产量 500.2 万 t，占全国总产量的 84.9%，占世界棉花总产的 19%，超过第三大产棉国美国，成为影响世界棉花产量格局的重要植棉区，"矮密早"种植模式也一度成为中国乃至世界棉花生产模式的典范。

随着人工植棉成本的不断飙升、现代机械化装备的不断发展，新疆机采棉得以规模化大发展，传统"矮密早"植棉模式出现农机农艺不能很好融合的缺点。"矮密早"传统植棉模式由于密度过大，棉田郁闭严重，通风透光性差，棉花单产潜力发挥和品质提升与光温水肥合理利用存在矛盾，加之机采棉在霜降前需要提前 20~25 d 脱叶催熟等，新时代机采棉配套技术需求迫切，特别是丰产潜力大的品种、水肥条件好、土壤肥力高的棉田，出现上部棉铃比中下部棉铃吐絮早的不正常现象，这是由于"矮密早"种植模式下棉花中下部棉铃光照不足，光温互补效应差，棉花铃期延长导致。因此，创新并调整棉花种植模式，推广应用绿色提质增效植棉技术，塑造光温水高效利用棉花群体，充分挖掘新疆棉花资源利用潜力，实现棉花增产和品质提升，是新的历史条件下走出我国棉花总量不足、高品质原棉依赖进口困境的必由之路。

中国农业科学院棉花研究所棉花绿色增产增效创新团队和中国农业科学院西部农业研究中心高品质棉生产模式与技术创新团队，联合新疆棉花科研、生产、推广等相关单位，经过 10 多年的潜心研究，在新疆传统"矮密早"植棉模式基础上，通过扩行—降密—促早—提质农艺学研究，提出了"宽早优"机采棉新模式，创建了"宽早优"栽培理论、技术与推广体系及订单生产机制，实现了棉花高产、优质、高效协同发展，是新疆植棉模式的一次重大变革。

第二节 "宽早优"植棉模式的创建

"宽早优"植棉技术是将现代信息技术、遥感技术、机械制造技术等与棉花的育种技术、播种技术、栽培技术、植保技术、采收技术、加工技术等有机结合，使新疆棉花生产初步进入"产业化、市场化、标准化、规范化"的现代化产业体系阶段。2007 年以来，在原探索研究基础上进入了"宽早优"植棉模式推行阶段。"宽早优"植棉模式是通过"宽等行、降密度、壮植株、拓株高"创建高光效群体结构，促进棉花早发早熟、集中成熟，实现棉花高产、优质、高效的新模式。它是在棉花产业发展过程中，对原有技术继承、创新和发展，使新疆棉花生产步入温光资源充分挖掘利用、农艺与农机相配套的新阶段。

一、"宽早优"的创新

率先创新建立了"宽早优"植棉新模式。在"矮密早"基础上实行"三改"。一改，(66+10) cm 宽窄行改为 76 cm 宽等行（2.05 m 地膜一膜六行改为一膜三行，行数减少 50%）；二改，每亩播种密度 1.8 万~2.0 万株改为 1.1 万~1.3 万株，密度降低 30% 以上；三改，株高 60~65 cm 改为 90~100 cm，株高增加 30% 以上。通过"扩行距、降密度、壮植株、拓株高"等农艺学方法，与"矮密早"模式相比，"宽早优"模式的单株结铃空间提高 30%~35%，产量提高 10% 左右；棉花纤维长度提高 1 mm，比强度提高 0.5 cN/tex，整齐度提高 0.5%，马克隆值降低，原棉提高 1 个档级。实现了"增温增光、减肥减药、增产增效、绿色提质"的"四大优势"和"风险棉区可变为稳产棉区、一般棉花品质可变为优质品质、中产棉田可变为高产棉田、订单生产由不可能可变为可能"的"四大转变"，为新疆棉区提高单产、稳定总产提供重要科技支撑。

中国农业科学院棉花研究所（以下简称中棉所）棉花绿色增产增效创新团队在新疆连续 3 年（2017—2019 年）率先开展了不同品种、不同密度下"宽早优"模式和"矮密早"模式棉花生育期冠层光截获量、光透射率、皮棉光能利用效率和皮棉热量利用效率定量研究。结果表明，"宽早优"模式下棉花生育期光截获量比"矮密早"低 3.6%，盛蕾期、花铃期和吐絮期棉花冠层光透射率分别比"矮密早"模式高 19.0%、66.4% 和 121.7%，尤其盛铃期中下部光透射率提高 116.9%~129.4%（根据 2021 年 12 个示范点调查数据计算），光能利用效率比"矮密早"模式高 5.9%~6.2%，皮棉光能利用效率比"矮密早"模式高 11.9%，皮棉热量利用效率比"矮密早"模式高 1.1%~4.2%。"宽早优"模式下的光截获量低，表明"宽早优"模式下棉花生育期冠层内光分布较优，中下部光照资源较足。"宽早优"模式下棉花生育期光透射率、光能利用效率、皮棉光能利用效率、皮棉热量利用效率比"矮密早"模式显著提高，阐明了"宽早优"棉花增产提质光能利用的理论依据。

通过长期田间定位试验监测"宽早优"模式和"矮密早"模式下棉花全生育期土壤温度和水分的动态变化，结合棉花产量分析棉田水分利用效率，综合评价"宽早优"棉田水热效应。结果表明，"宽早优"模式显著改善了棉花生育期间的水热条件,全生育期耕层土壤积温较"矮密早"模式显著增加8.3%~9.9%,其主要来源于棉花易郁闭期的花铃期土壤温度的提高,较"矮密早"模式平均提高1.7 ℃,有利于在生殖生长阶段形成较高的土壤积温,加速了棉花生长发育进程,生殖器官干物质积累量显著提高7.8%~24.4%,增加了棉花根系生物量,有利于棉花高光效冠层结构建成;"宽早优"模式具有相对较好的蓄水保墒能力,增加了棉花花期的耗水量(加速植株生殖生长),降低了其他生育时期的耗水量,全生育期的总耗水量降低了6.7 mm,水分利用效率提高18.8%,阐明了"宽早优"棉花土壤水热高效利用的理论基础。

针对当时棉花生产上氮肥、磷肥过量施用、棉株吸收利用效率低等问题,围绕"宽早优"植棉模式下棉花生长发育特征和养分吸收利用规律,通过田间试验和室内实验相结合的方法,开展了"宽早优"棉花配套品种的氮磷高效利用机理研究。研究发现,棉铃对位叶中碳代谢稳定是优质棉铃期氮高效的生理机制;"宽早优"模式在氮肥减少20%条件下,棉花氮素利用效率提高了24.9%;棉铃对位叶抗氧化酶系统活性较强是优质棉铃期磷高效的生理机制,棉花磷素利用效率提高了12.3%。研究过程中明确了地上部氮含量和植株干物重作为优质棉品种氮素利用效率的评价指标,侧根数量和植株磷含量可作为优质棉品种磷素利用效率的评价指标,阐明了"宽早优"棉花氮磷高效利用的理论。

二、关键配套技术创建

中国农业科学院棉花研究所棉花绿色增产增效团队系统开展了"宽早优"棉花水肥高效利用技术研究,明确了"宽早优"棉花水肥运筹规律。研究结果表明,"宽早优"棉花生育期内滴水灌溉量210~250 m³/亩,滴水8~9次,亩施肥总量为纯N 24 kg、P_2O_5 9 kg、K_2O 12 kg,滴肥7~8次,较"矮密早"棉花滴水量减少5%~10%,滴水次数减少2~3次,较"矮密早"棉花肥料总用量减少5%~8%,其中,氮肥量减少20%左右。依据"宽早优"模式棉花水肥需求规律,建立了"按需滴水、按需施肥"的精准化水肥运筹技术,制定了"宽早优"相关技术规程两项。研究结果还表明,"宽早优"模式下棉花碳足迹主要由灌溉用电、农膜使用和化肥投入量构成,分别占47.4%、24.2%和24.3%,提高施氮量会增加棉田碳足迹,在施氮量16 kg N/亩时碳成本(单位面积产量碳足迹)最低736.0 kg/t,"宽早优"棉花降低了棉田碳足迹,减少了碳排放。

系统开展了"宽早优"模式下缩节胺化学调控技术研究,制定了"宽早优"模式机采棉化学调控技术相关规程3项;明确了苗期喷施0.5~1.0 g

缩节胺促进棉苗根系生长，蕾期和初花期不进行缩节胺化调加快营养生长，搭好丰产架子，花铃期以水肥调控为主，打顶后喷施 8~10 g 缩节胺的轻简化调技术。与"矮密早"模式相比，"宽早优"棉花化控次数减少 1/3~2/3，减少 3~5 次，缩节胺用量减少 20%~30%，每亩减少 10~15 g。通过研究"宽早优"模式下化学封顶剂和脱叶催熟剂种类、施用时间和用量等对棉花株型、群体冠层结构、产量及纤维品质的影响，创新了"宽早优"棉花化学封顶与脱叶催熟技术的主要技术参数：北疆棉区化学封顶时间为 7 月 5—10 日，脱叶催熟时间为 9 月 1—5 日；南疆棉区化学封顶时间为 7 月 10—15 日，脱叶催熟时间为 9 月 10—15 日；分别较"矮密早"提前 3~5 d。建立了"宽早优"棉花轻简化调、化学封顶和脱叶催熟配套技术体系。

筛选"宽早优"配套棉花品种（系）是"宽早优"棉花栽培技术体系重要内容之一。根据"宽早优"模式对棉花品种的需求特点，明确了适宜"宽早优"模式的品种（系）特征特性，即具有早熟、丰产、抗病、抗逆性强、Ⅱ式及以上果枝、丰产潜力大、品质"双 30"以上特点的杂交棉或长势强的常规棉品种。2013 年以来，联合南疆的新疆中棉种业有限公司、科润种业，北疆的新疆惠远种业股份有限公司、新疆天禾佑农种业有限责任公司等种业公司开展"宽早优"棉花配套品种（系）筛选工作。共筛选出了中棉所 88、中棉所 49、新陆中 40、新陆早 63（育种单位品种号：中棉所 92）、新陆早 33、新陆早 42、新陆早 52、新陆早 55、惠远 720、子鼎 6 号、中棉所 087、中 641 等 17 个棉花品种（系），其中，11 个入选新疆主推品种。"宽早优"配套品种（系）筛选，完善了技术体系内容。

三、推广应用体系创新

中棉所在研究示范推广"宽早优"综合植棉技术基础上，在南疆、北疆棉区，建立了"'宽早优'+优质棉品种+科技示范户+专家团队"示范推广体系。2019—2022 年，在北疆棉区昌吉州、第六师、第七师、第八师、第五师、博州和南疆棉区第一师、阿克苏地区、巴州地区、喀什地区等，建立"'宽早优'+N"科技示范户 2 000 多户（"N"指在不同示范户设置不完全相同集成技术，包括不同棉花品种），从棉花播种至全生育期进行跟踪服务和田间培训指导，取得良好示范推广效果。示范田平均亩产籽棉较周边棉田增产 45 kg，物化成本降低 8%，售棉品级提高 1 个档级，平均亩增效 545 元。80% 的示范户亩产籽棉达到 500 kg 以上，10% 示范户亩产籽棉达到 600 kg 以上，为"宽早优"植棉技术推广打造了高产高效样板田。

在第七师党委政府开展"我为群众办实事"活动的契机下，积极申报并承担了"中棉所七师优质棉田间课堂"项目。以"宽早优"植棉技术为基础，联合疆内外棉花育种、栽培、植保、加工、流通等36位专家，开展"田间课堂"培训56期，并会同第七师融媒体中心进行精心采编，通过日报、广播电视台、融媒官方抖音、零距离微信公众号、融媒客户端等平台，传播浏览数量达到526.58万次，提高了棉农植棉技术水平，促进了"宽早优"植棉技术推广，实现了把论文写在棉田上。"田间课堂"在七师的棉田开展将"宽早优"植棉技术传播到整个新疆棉区，引起了政府相关部门的重视和关注。"田间课堂"项目获得了中央宣传部公布的"2022年全国文化科技卫生'三下乡'活动示范项目"，诠释了"田间课堂"更大的意义。

2019—2022年，中棉所与新疆丰汇棉业有限公司棉花加工厂合作，建立了"中棉所+种子企业+轧花厂+合作社+棉农"的"宽早优"棉花"订单生产"新模式。轧花厂按照项目组筛选的"宽早优"配套棉花品种目录要求，从种子公司购买棉花种子并赊销给合作社或植棉大户。轧花厂收购籽棉时，扣除种子款，籽棉平均加价0.2元/kg，按品种单收、单轧、单组批，确保棉纤维整齐性。原棉销售时，轧花厂原棉平均增加收入1 200元/t，丰汇棉业4年累计销售"宽早优"原棉1.6万t，新增效益1 920万元，平均年增加效益480万元。此机制创新，为"宽早优"技术更大规模推广增添后劲。

第三节 "宽早优"植棉模式应用

"宽早优"植棉模式是在新疆棉花生产发展过程中逐步形成的，是对"矮密早"植棉模式的创新和发展。与传统"矮密早"模式相比，具有四大优势，有利于实现新疆棉区的四大转变。

一、"宽早优"的四大优势

（一）增温增光

温度是影响棉花生长发育的重要因素之一，在新疆棉花生长有效积温总体趋紧情况下，增温措施显得更加急迫。土壤温度的高低直接影响棉花根系对水分和养分的吸收。不同行距配置和种植密度均会导致土壤温度和有效积温的差异，进而影响棉花的生长发育。与"矮密早"模式相比，"宽早优"播种孔减少近一半，棉花播种至出苗期地膜的保温效果明显提高，4月15日至6月15日，"宽早优"模式5 cm和10 cm土层的有效积温分别增加了150 ℃和70 ℃。张恒恒等（2020）研究表明，"宽早优"植棉模式明显改善全生育期耕层土壤积温，较"矮密早"植棉模式提高了8.3%~9.9%；

花铃期耕层土壤温度平均增加 1.7 ℃。

棉花属喜光作物，棉花的光补偿点和光饱和点均较高，充足的光照是棉花高产的必要条件。棉花产量的 90% 以上是光合作用生产的有机物质，光照是决定棉花生长发育的基本因素。"宽早优"植棉模式群体结构合理，上部呈"立体采光"结构，行间通风透光，提高了棉花冠层的光照强度和群体光透过率，延长了叶片光合功能期，有利于提高光能效率，实现"向光要棉"。"宽早优"模式通过降密壮株，调整水肥、化学调控和打顶时间实现拓高等措施，使株高拓展至 90~100 cm、棉花群体在 1 m^2 土地面积上采光空间达 0.8~1 m^3，较"矮密早"模式增加了 23.1%~53.8%。"宽早优"模式花铃期和吐絮期的冠层光照整体透过率分别为 6.29%、3.64%，较"矮密早"模式的 3.05% 和 2.28% 增加达显著水平；吐絮期"宽早优"模式冠层的光照强度为上层 39.20 $\mu mol/(m^2 \cdot s)$、中层 40.50 $\mu mol/(m^2 \cdot s)$ 和下层 41.14 $\mu mol/(m^2 \cdot s)$，较"矮密早"模式的 28.05 $\mu mol/(m^2 \cdot s)$、29.45 $\mu mol/(m^2 \cdot s)$ 和 25.08 $\mu mol/(m^2 \cdot s)$ 均显著增加。生育前期"矮密早"模式群体光截获率高于"宽早优"模式，随生育时期推进，"宽早优"模式的群体优势逐渐展现，冠层光截获量迅速扩大，表现出较强的群体光能截获率。分析表明，"矮密早"模式棉花群体大，LAI 峰值高，随着生育时期的推进，群体密度过大会导致个体生长发育不良，冠层内部环境恶化，光透过性差，导致冠层中下部叶片不能接收足够的阳光进行光合作用，进而加速其衰老，缩短光合功能持续期；"宽早优"模式生育中后期棉花叶绿素的降解较为缓慢，叶片光合功能期长，保证了棉花群体光合物质积累所需的"源"。

（二）减药节本

"宽早优"植棉模式比"矮密早"植棉模式减少除草、打顶、化控、喷药等生产管理用工费用，节省用种量和化控、除草、脱叶催熟、水肥等农业生产资料投入费用，减少籽棉杂质清理和皮棉杂质清理耗能等费用。每公顷合计节本 4 500 元左右。

"宽早优"植棉模式与"矮密早"植棉模式相比密度低，每亩仅用 1.0~1.2 kg 棉种，节省棉种投入，播种孔减少近一半，地膜抑草作用发挥较好，棉田杂草明显减少，减少除草成本；播种孔减少，充分发挥地膜保墒功能，土壤蒸发相应减少；密度降低，棉株数减少，植株蒸腾相应减少，棉田滴水周期延长，节省滴水成本；棉株扩大了生长空间，株间竞争减少，整个生育期化学调控次数和缩节胺用量可减少 1 倍以上；种植密度降低，人工打顶费用降低，节省人工近 50%，棉株个体生长空间增加，采取配套措施可逐步实现免打顶（不打顶）或化学封顶；只喷 1 次脱叶催熟剂和进行 1

次机械采收。"宽早优"植棉模式管理省工，1个农工可管理13.3亩以上的棉田，达到每公顷产皮棉2 400~2 700 kg，包括机械采收平均每生产100 kg皮棉仅用1个人工，与普通棉田1人管理3.3 hm²、平均每公顷产皮棉1 950 kg相比，节省用工70%以上。同时，"宽早优"棉田群体内通风透光好，病虫害明显减轻。王春义等（2018）研究表明，在同样的气候下，"宽早优"模式同期棉花蚜虫株率和蓟马株率均低于"矮密早"模式。"宽早优"植棉模式有利于棉田害虫治理和防控，节省农药10%~15%，人工成本降低30%以上。

（三）增产增效

"宽早优"种植模式平均行距增大，棉花单株较"矮密早"植棉模式可获得更多的光能和养分，能较早地启动下一个生育阶段，促使养分更早地向经济器官（棉铃）积累，单株结铃数增加主要是提高经济器官氮磷养分分配率及皮棉氮素吸收量。同时，"宽早优"植棉模式增温增光的作用，利于棉花早发和促进群体光合作用、干物质累积，增加铃数和单铃重，显著提高棉花籽棉产量。另外，"宽早优"植棉模式较"矮密早"植棉模式可促进棉花生长发育进程，促进棉苗生长和棉花早结铃、多结铃，伏前桃占总铃数比例高，收获单铃重及产量较高。李群英等（2019）研究表明，"宽早优"植棉模式棉花生育期较"矮密早"植棉模式提前了6 d，苗期棉花株高增加2.5 cm，叶龄多0.8叶，果枝台数多1.1台，蕾数多3.0个，小铃数多0.17个，单株成铃数多0.9个。"宽早优"植棉模式较"矮密早"植棉模式棉花收获株数少25 800株/hm²，铃数多2 100个/hm²，单铃重增加0.69 g，籽棉产量高405 kg/hm²，增幅6.31%，有明显的增产作用。辛明华等（2020）研究表明，76 cm等行距模式下棉花生育期缩短3 d，株高和茎粗分别增加7.8 cm和0.14 cm，单株果枝数和单株结铃数分别增加1.1个和1.2个，等行距模式促进了干物质的积累，可使籽棉和皮棉产量分别提高8.5%和7.3%。

"宽早优"种植模式不仅可以降低人工管理成本和农业生产资料成本，还能提高棉花产量和机械采收质量，有利于实现棉花生产"低成本和高效益"的目标。阮康等（2021）研究表明，"宽早优"模式棉铃结铃空间提高30%以上，采净率提高到95%以上，产量提高10%，增效3 000~6 000元/hm²。在中等肥力以上的棉田，"宽早优"模式比普通模式增产10%以上，在超高产棉田增产在15%以上，以每公顷增产皮棉195 kg、单价15元/kg计算，每公顷增加效益2 925元。"宽早优"模式生产的棉花品质好，按籽棉增收0.1元/kg计，每公顷再增加收入750元以上。

(四) 绿色优质

"宽早优"模式减少化学调控 3~5 次，脱叶催熟 1 次，减少了病虫防治、化学调控、脱叶催熟等用药量，从而减轻化学药剂对土壤、环境和对原棉的污染；病虫害减轻，从而减少棉田机械作业次数，减轻环境污染；有利于残膜回收，残膜回收率提高 10%，减轻残膜污染；降低密度，肥水滴灌减少化肥的使用量，保护了生态环境，有利于实现绿色生产。

"宽早优"植棉模式提高了生育期地温，改善了群体结构，加快生育进程，拓展了有效开花结铃期，使优质铃发育时间与光热资源最丰富的时期一致，为优质铃发育营造了时间优势，满足优质铃对温度和光照的需求，促进形成优质铃。并且"宽早优"模式改善了株间环境，降低了棉田荫蔽程度，减少烂铃和僵瓣花，促进优质。"宽早优"模式由于棉株空间优势和前期增温作用，棉株生长健壮，果枝始节高，适宜机械采收，减轻机械采收过程中对品质的不良影响；化学脱叶效果好，含杂率低，减少籽清和皮清次数，减少清理过程中对纤维品质的损伤和破坏，能提高机采棉的采收质量，籽棉含杂率可降低到 5% 以下，原棉品质提高 1 个档级。李群英等（2019）研究表明"宽早优"模式衣分较"矮密早"模式低 1.2%，但子指较其高 0.71 g，衣指高 0.16 g，绒长多 0.1 mm，整齐度高 0.9%，断裂比强度高 0.9 cN/tex，马克隆值均在 B2 级。崔岳宁等（2016）通过对中国棉花公正检验网上抽取的两种种植模式下机采棉的品质数据进行分析发现在颜色级、反射率、黄色深度、长度、断裂比强度方面，等行距（宽早优）种植模式要优于宽窄行（矮密早）种植模式，其中，等行距（宽早优）种植模式下的棉花长度比宽窄行（矮密早）种植模式高一个等级。

二、"宽早优"植棉模式的四大转变

(一) 风险棉区变为稳产棉区

棉花是喜温作物，一般认为 >10 ℃ 积温达到 3 200 ℃ 棉花才能正常生长，达到 4 000 ℃ 棉花才能长得好。新疆植棉区除东疆局部地区外，整体积温趋紧，特别是北疆棉区 ≥10 ℃ 积温 3 000~3 900 ℃。热量低的年份，棉花生产容易遭受风险，"宽早优"植棉模式有利于提高光能利用率，充分发挥棉花的生长发育优势，争取外围铃和上部铃成铃，实现高产；低温年份，能充分利用光对温度的补偿效应，促进外围铃和上部铃发育成熟，实现稳产。从播种期到滴第一水，"宽早优"植棉模式较"矮密早"植棉模式膜下 5 cm 和 10 cm 地温日均分别提高 2.5 ℃ 和 1.2 ℃，有效积温增加了 150 ℃ 和 70 ℃，一方面，棉花个体健壮，增强了棉花前期抗低温和耐盐碱的能力，另一方面，促进了棉苗前期早发、早现蕾、早开花，将棉株自身进程与最佳开花结铃时段相吻合，实现了多结铃，结大铃，从而实现了棉花的稳产。2020年"宽早优"+中棉113在昌吉老龙河种植41.3 hm²，每公顷实收籽棉7 632 kg，创新疆昌吉州棉花单产纪录，打破新疆冷凉地区产量低的理念，昌吉州历年的平均籽棉产量4 500 kg/hm² 左右。

（二）一般棉花品质变为优质品质

据2011—2015年新疆棉花公检质量数据，棉花纤维长度平均在28.4 mm，断裂比强度平均在27.9 cN/tex，马克隆值A级和B级占比由2011年的96.2%降为2015年的62.2%。纤维断裂比强度偏低的原因主要表现在生产品质和产后品质的双重降低，究其原因，目前推广的"矮密早"植棉模式是在中低产没有滴灌的条件下发展形成的，与目前高产乃至超高产条件下"膜下肥水滴灌、强优势高产优质品种"等为代表的现代化植棉技术相脱节。因高密度群体过大，在高产、超高产条件下中下部烂铃和脱落严重，更多依靠上部成铃形成产量，降低了纤维品质；加之密度越大，需要株高越低，影响群体光合效率和脱叶催熟效果，增加籽棉清理和皮棉清理次数，降低机采棉品质。

"宽早优"棉株根系分布均匀，有利于水肥吸收，保证了棉铃生长发育的水分和养分供应；群体通风透光条件优越，有利于棉铃发育；宽行降密有利于个体发育，健壮个体、早发早熟为棉花优质创造了条件；脱叶催熟效果好，便于机械采收，降低了机采棉含杂率、挂枝率和撞落率，减少籽棉清理、皮棉清理对纤维的损伤。2017—2018年，高品质棉花品种中641、中棉所96A与"宽早优"植棉模式相结合的高品质棉生产技术模式在新疆北疆的昌吉、精河、新疆生产建设兵团第七师127团等地示范推广1 000 hm²，增加经济效益1 842.6万元。生产的棉花品质优良，纤维长度33.5 mm，断裂比强度35.0 cN/tex，马克隆值4.0，经多家纺织企业试纺，各项指标超过"美棉"和"澳棉"，可替代部分长绒棉。

（三）中产棉田变为高产棉田

"宽早优"植棉模式全生育期因耕层积温增加，生育进程加快（早吐絮2~6 d），促使有效开花结铃期提前，与北疆高温辐照期相吻合，增强了品种的适应性和抗逆性。北疆"矮密早"植棉模式仅适宜种植早熟品种，"宽早优"植棉模式可适当放宽品种熟性，可种植早中熟品种，发挥出了品种较大的增长潜力；"宽早优"种植模式平均单株占地面积提高近50%，减轻了根系穿插程度，缓解了棉株间争水争肥的矛盾，棉株生长健壮，发育期提前，耐贫瘠性和耐寒性增强；"宽早优"植棉模式群体结构合理，上部呈"立体采光"结构，行间通风透光，有利于提高光能效率，为实现优质高产提供物质保障；"宽早优"植棉模式采用一膜三行2.05 m宽膜覆盖，有利于增温保墒，空穴率降低，棉苗整齐度提高，棉花最佳开花结铃期与温光高能同步期协调性好，增加棉花结铃数（进程加快且减少脱落）和铃重（温光充足，铃重提高）；株高调增至90~100 cm，较"矮密早"植棉模式下棉花株高60~80 cm增加结铃空间50%以上。品种和栽培管理的优势，使得"宽早优"模式棉花产量进一步提高，由中产棉田变为高产棉田。"宽早优"植棉模式较"矮密早"植棉模式籽棉产量增加10.0%~31.2%，皮棉产量增加8.9%~46.5%。

（四）订单生产由不可能变为可能

据中国棉花协会统计，2017年，国内纺织企业对中高端原棉，即纤维长度28.5 mm，比强度28.5 cN/tex，马克隆值A或B2级（3.7~4.6）的需求量约300万t，而中国达标产品仅99万t，存在2/3的缺口。新疆棉花品质难以满足国内纺织企业生产高档纺织品的需求。因此，订单生产是发展高品质棉花的有效途径。

"宽早优"+优质棉品种的"良种+良法"配套技术推广模式取得较大成绩。2016年，按照订单生产的模式，在新疆精河县试种了高品质棉花品种中641，生产高品质原棉约150 t，公检结果（批次号65219161061）为纤维长度33.2 mm、比强度31.2 cN/tex、马克隆值A级比例96.5%，河南同舟棉业有限公司加价1 000元/t全部收购。2017年，中棉所继续订单生产400 t，公检结果（批次号65219171070）为纤维长度32.7 mm、比强度32.5 cN/tex、马克隆值A级比例59.7%、B2级比率40.3%，雅戈尔集团加价1 000元/t全部收购并进行试纺。试纺80支棉纱的结果表明，条干有所改善，强力与50%长绒棉+50%细绒棉混配棉的强力相当，可替代部分长绒棉。中641公检结果高出新疆棉花主体品质多个档级，全面超越"澳棉"标准，表明在新疆可以生产高品质棉花，而且得到了企业的认同。

近年来，中国农业科学院棉花研究所、国家棉花产业联盟及新疆昌吉国家农业高新技术产业示范区联合在北疆昌吉州、南疆兵团第三师51团，分别建立了"宽早优"+中棉113和"宽早优"+中棉所96A高品质棉花生产基地5 000余亩，辐射带动北疆棉区、南疆棉区的喀什地区、阿克苏地区、巴州地区等区域种植优质棉500万亩，实现了"种—水—肥—药—械"生产链一体化操作，产量比周围棉田增产100~150 kg/hm^2，生产的原棉纤维长度31.5 mm，断裂比强度31.7 cN/tex，马克隆值4.0左右，整齐度指数85.1%，纺纱均匀性指数166，均较周边棉田高出1个档级。2019—2020年新疆丰汇棉业有限公司采用订单生产模式，选择"宽早优"+中棉113，籽棉加价0.1~0.3元/kg，原棉可增收800~1 600元/t；2021年由轧花厂订单良种90.5 t，与棉农签订生产合同，收获籽棉16 500 t，加工原棉6 752.5 t，原棉品质均在双 29.5 以上，预计期货升水 600 元/t。订单生产模式得到兵团第六师、阜康等轧加厂认可，并推广应用。"宽早优"植棉模式为优质棉订单生产提供了重要科技支撑。

三、"宽早优"的适应性

（一）"宽早优"模式适应性

新疆棉区灾害性天气多，春季霜冻、风灾，夏季雹灾、高温，秋季降雨、降温、早霜等，常常给棉花生产带来不利影响。因此，要求棉株具有一定的抗逆性和灾后自我补偿能力。"宽早优"植棉模式较"矮密早"植棉模式的棉花生育期提前，植株健壮，单株结铃数多，果枝台数多，单铃重提高，因此，"宽早优"植棉模式下棉花具有较强的适应性和抗逆性。

1. 增温促早增强适应性、抗逆性

"宽早优"植棉模式由"矮密早"植棉模式的宽窄行改为宽等行，在单位面积上减少了 50% 的行数，同时播种密度减少 30% 以上，使单位面积的地膜上减少了覆土的面积，也减少了地膜的种孔，使覆盖的地膜增温、保墒效果显著提高。新疆棉区在前期低温的环境下，增温有利于促进棉苗早发，实现早现蕾、早开花，其核心是通过早发使棉花开花结铃期与光、温的最佳季节相吻合，即开花结铃关键期与光温高效期同步，这是"宽早优"植棉模式增温保墒的根本意义所在，也是"宽早优"植棉模式实现优质高产的基本理论之一。

增温促早可增强适应性、抗逆性，是棉花发芽出苗的基本特性决定的。棉花种子萌发的最低温度为 10.5~12 ℃，出苗对温度的要求比发芽高，播种后温度在 12 ℃ 以上才能出苗，在适宜的温度范围随温度的升高生长速度加快，可提前进入下一生育阶段。温度的增加使生长速度加快，植株个体逐步增大，茎秆的木质化程度提高，成长叶、健壮叶增多，适应性、抗逆性等棉花生理机能随之增强，这就是"宽早优"模式增温的根本意义。"宽早优"植棉模式的增温保墒效果明显。用 2.05 m 的地膜，76 cm 等行距机采模式是一膜三行，与（66+10）cm 机采模式一膜六行相比，由于 76 cm 等行距模式的播种孔减少一半，棉花播种出苗期地膜的增温保墒效果明显提高，利于棉花早出苗、出全苗、长势壮。由于"宽早优"等行距种植，减少了地膜的苗孔，增加了地膜实际覆盖度，提高了地温，从而增强了棉花前期的抗低温能力。棉花前期早发，个体健壮，增强了对低温的适应性。据研究，正常年份，宽等行密植有利于提高光能利用率，充分发挥杂交棉及与杂交棉相似品种的生长发育优势，争取外围铃和上部铃成铃，实现高产；低温年份，能充分利用光对温度的补偿效应，促进外围铃和上部铃在温度较低的情况下发育成熟，实现稳产。同时，由于棉株健壮，也增强了棉株的逆境生长能力，耐盐碱性、抗倒伏性等显著增强。

近几年，在兵团第八师植棉团场采用（66+10）cm"矮密早"机采模式与76 cm宽等行"宽早优"机采模式相邻条田或地块同期播种和滴出苗水，到6月中旬滴头水前，（66+10）cm"矮密早"机采模式棉花叶片萎蔫旱象明显，而76 cm等行距"宽早优"模式棉花生长正常未出现旱象。在乌苏市和沙湾县农民的棉田也观察到，由于相邻两地块合计面积才百亩左右，共用一个滴灌系统，同期播种和滴出苗水，到6月中旬滴头水前，（66+10）cm"矮密早"机采模式棉花因严重干旱已表现出干旱早衰，而76 cm"宽早优"植棉模式生长稳健。

"宽早优"植棉模式加速棉株生育进程，增强适应性。"宽早优"因积温增加，生育进程加快（早吐絮2~6 d），使有效开花结铃期提前，与北疆高温辐照期相吻合，增强了品种的适应性和抗逆性，因此，由北疆"矮密早"模式仅适宜种植早熟品种，而"宽早优"76 cm等行距模式可种植中早熟品种，发挥出了品种较大的增产潜力。

2. 群体合理布局增强适应性、抗逆性

"宽早优"植棉模式较"矮密早"植棉模式降低密度30%左右，从而带来了系列变化，增强了适应性和抗逆性。

（1）有利于壮根，增强耐瘠性、抗倒伏和抗逆性："宽早优"植棉模式增加了单株占地面积为增强抗性奠定了基础。以"宽早优"76 cm等行距每公顷10.5万~13.5万株，与"矮密早"的（66+10）cm宽窄行每公顷21万~27万株相比，平均单株占地面积提高了50%以上，减轻了根系穿插程度，缓解了株间争肥争水的矛盾，相比之下，"宽早优"棉株增加了单位面积的养分和水肥。因此，"宽早优"棉株耐瘠性和耐旱性大大增强。由于"宽早优"棉株的占地优势，棉株生长健壮，发育提前，健壮的个体根深茎壮，抗倒伏性、抗病虫性等抗逆性大大增强。

（2）拓展结铃空间，改善光照条件，增强耐荫蔽性："宽早优"植棉模式在扩行、降密的基础上增加株高，拓展群体空间，为开花结铃创造良好环境，增强棉株适应性和抗逆性。"宽早优"通过降密壮株、调整打顶时间（或化学封顶，或免打顶）实现"拓高"，北疆棉区7月1—5日，南疆棉区7月5—10日，单株果枝9~11台，株高拓展至90~100 cm，在1 m³的土地上其采光空间为0.8~1.0 m³，比"矮密早"的株高65 cm、采光空间0.65 m³增加了23.1%~53.8%，据此可容纳较大的叶面积系数，增加制造有机营养的"工厂"，这是"宽早优"优质高产的生理和理论基础，也为增强适应性和抗逆性创造了重要条件。同时，也降低了群体内单位空间的郁蔽程度,通风透光条件改善,光合效率提高。以同等叶面积系数3.9~4.1,每10 cm高度1个空间层为例,"宽早优"株高100 cm,平均每个空间层的叶面积为0.39~0.41,比"矮密早"株高65 cm,每个空间层0.6~0.63,透光的疏散度提高了35%。换言之,在同等叶面积系数下,"宽早优"较"矮密早"在群体的单位空间内,枝叶间相互遮光程度降低了35%,形成了良好的通风透光条件。试验调查,群体底层光截获率最大时的盛铃期,"宽早优"较"矮密早"的透光率提高40%~47.7%,改善了光照条件,这是"宽早优"棉花健壮生长、增强适应性和抗逆性实现优质高产的"物质"保障。因"宽早优"通风透光,植株健壮,可减少病虫发生,也便于机械喷药防治,可减少用药,降低成本和污染,形成棉株适应性、抗逆性增强的良性循环。

3. 增强机械化作业适应性

由于"宽早优"机采模式减少了50%的播种行数和降低密度,播种机械阻力明显减小,播种省力、省工,还省去了定苗、中耕、化控、除草和打顶等,省工50%,增强了全程机械化的适应性,人均管理规模成倍扩大,节本增效显著。特别是"宽早优"机采模式有利于脱叶催熟、机械化采收。因"宽早优"棉田通风透光好,加上地膜的增温效应,棉花生育期提前,吐絮期集中,有利于脱叶催熟,明显降低了机采籽棉的含杂率,提高了采净率和机采效率,为提高机采棉品质创造了有利条件。同时,棉花优质高产是群体优势的综合体现,其群体优势的基本特征就是具有较强的生态适应性和环境抗逆性。在灾害条件下,"宽早优"植棉模式的群体优势使棉花增强了抗灾夺丰收的能力。

(二)"宽早优"模式适应范围

"宽早优"植棉模式播种密度由宽窄行的21万~27万株/hm^2,调减为宽等行的10.5万~15万株/hm^2,为改善群体环境条件,协调群体、个体矛盾,充分发挥个体、群体双重作用创造了有利条件,需要选择丰产性好、抗病性好、优质的棉花品种,为优质高产提供了内因条件。"宽早优"植棉模式在播种环节中改宽窄行为宽等行的基础上,将宽等行的株高放高为90~100 cm,较宽窄行的株高60~70 cm提高了单位面积采光空间,为改善群体通风透光条件、提高光合效率创造了条件,为优质高产提供了"物质"保障,需要棉田肥力足够,并配套以灌水、施肥、化调、植保、脱叶催熟等技术,形成相互协调、相互促进、早发早熟的整体,从而实现"宽早优"原棉的优质高产。因此,"宽早优"植棉模式在土壤肥力中等以上、灌溉条件好、机械化程度高、品种增产潜力大等情况下,可推广应用;在土壤瘠薄、管理粗放的低产棉田不推荐使用。

四、"宽早优"阶段成果

自 2013 年以来,"宽早优"植棉技术累计在新疆棉区示范推广 5 000 余万亩,新增效益 200 多亿元。"宽早优"植棉技术获国家发明专利 2 项、实用新型专利 4 项;软件著作权 6 项;制定行业标准 2 项、地方标准 16 项;发表论文 44 篇,其中 SCI 论文 24 篇(JCR 一区 19 篇);入选中国农业科学院 2018 年十大科技进展,入选 2022 年中宣部全国文化科技卫生"三下乡"示范项目,获得 2023 年中国农业科学院科学技术成果奖杰出科技创新奖。出版《新疆"宽早优"植棉》专著,该专著获第二届农业科技图书奖优秀奖。

"宽早优"植棉技术的大面积推广,解决了新疆棉区中高产田、超高产田进一步高产高效的问题,为新疆棉花占据我国棉花主导地位和实现新的跨越发挥了巨大作用,也将对新疆棉花产业的可持续发展、提高国际竞争力起到科技支撑作用。

第四节 "宽早优"植棉模式标准化

中国农业科学院棉花研究所根据新疆各地区的土壤、气候等特点,开展试验研究和示范,根据试验和示范的数据和技术参数,编制了一系列适合不同区域的"宽早优"植棉技术规程,发布了以"宽早优"植棉模式为核心内容的中华人民共和国农业行业标准 2 项,即《西北内陆棉区中长绒棉栽培技术规程》《西北内陆棉区棉花全程机械化生产技术规范》。在新疆主要植棉地区制定并发布了"宽早优"植棉模式地方标准 16 项(表 1-1),涵盖配套品种选择、整地、播种、苗期管理等棉花全生育期标准化管理,为"宽早优"植棉技术在新疆特别是在北疆的大面积推广应用发挥了重要的指导作用,为新疆棉花高产创建和品质提升树立了典范。在操作过程中应根据棉田实际情况灵活掌握。

表 1-1 "宽早优"植棉技术标准和规程汇总

序号	标准名称	类别	标准号
1	"宽早优"机采棉优质化生产技术规程	昌吉回族自治州农业地方标准	DBN6523/T 231—2018
2	"宽早优"机采棉生产技术规程	昌吉回族自治州农业地方标准	DBN6523/T 232—2018

(续表)

序号	标准名称	类别	标准号
3	"宽早优"植棉种子质量标准	昌吉回族自治州农业地方标准	DBN6523/T 233—2018
4	西北内陆棉区中长绒棉栽培技术规程	农业行业标准	NY/T 3251—2018
5	"宽早优"植棉播种质量控制技术规程	昌吉回族自治州农业地方标准	DBN6523/T 274—2019
6	"宽早优"机采棉脱叶催熟技术规程	昌吉回族自治州农业地方标准	DBN6523/T 275—2019
7	"宽早优"机采棉全程机械化技术规范	昌吉回族自治州农业地方标准	DBN6523/T 276—2019
8	西北内陆棉区棉花全程机械化生产技术规范	农业行业标准	NY/T 3485—2019
9	机采棉花膜下肥水滴灌技术规程	博尔塔拉蒙古自治州农业地方标准	DBN6527/T 001—2019
10	机采棉单产皮棉 3 000 kg/hm² 栽培技术规程	博尔塔拉蒙古自治州农业地方标准	DBN6527/T 002—2019
11	机采棉脱叶催熟技术规程	博尔塔拉蒙古自治州农业地方标准	DBN6527/T 003—2019
12	机采棉化学封顶技术规程	博尔塔拉蒙古自治州农业地方标准	DBN6527/T 004—2019
13	戈壁地机采棉花高产优质生产技术规程	博尔塔拉蒙古自治州农业地方标准	DBN6527/T 005—2019
14	"宽早优"机采棉有机肥替代部分化肥技术规范	昌吉回族自治州地方标准	DB6523/T 300—2020
15	"宽早优"优质机采棉化学调控与脱叶催熟技术规程	昌吉回族自治州地方标准	DB6523/T 298—2020
16	"宽早优"机采棉品种标准	昌吉回族自治州地方标准	DB6523/T 297—2020
17	"宽早优"亩产籽棉 550 kg 植棉技术规程	昌吉回族自治州地方标准	DB6523/T 396—2023
18	"宽早优"棉田农用残膜回收技术规程	昌吉回族自治州地方标准	DB6523/T 397—2023

第二章

"宽早优"棉花备播及播种技术

棉花备播及播种质量是实现一播全苗且壮苗早发的关键,重视种子质量和品质,提高播种质量,在"种"的环节多下功夫,减少棉花管理环节,做到"七分种、三分管"轻简化栽培。因此,高质量的棉花备播及播种质量,是"宽早优"植棉的关键环节,可以最大限度地发挥棉花的生产潜力,对实现棉花高产、优质、节本、增效具有重要作用。

第一节 备播技术

"宽早优"植棉的标准化备播技术主要包括土地准备、生产资料准备、作业机具准备、播期的确定等。

一、土地准备

土地准备主要包括贮水灌溉、净地、秋施肥、秋耕、初春播前整地、除草剂土壤封闭等。

(一) 贮水灌溉

棉花萌发出苗对土壤水分、地温及通气状况要求严格,需要通过灌溉与农业措施调节适宜发芽条件,播前贮水灌溉是常规的调控措施。实践证明,实行播前贮水灌溉具有许多优点:一是在土壤中贮存水分,以保证下一年播种时土壤中有足够的水分供种子发芽和棉苗生长;二是通过灌水将作物生育期内积累盐分淋溶到土壤深层或通过排水系统排走,为种子发芽出苗和棉苗生长创造适宜的土壤环境;三是改善土壤结构,提高地温,有利于出苗和幼苗生长;四是减轻土壤中棉铃虫、棉花叶螨等越冬害虫的为害。贮水灌溉主要包括冬前灌溉和春季灌溉两种。

1. 冬前灌溉

冬前贮水灌溉包括茬灌和秋冬灌两种方式。

茬灌：即带前茬作物灌溉，若前茬是棉花，一般收摘两次后即进行带茬灌溉，主要是因棉花收获后距土壤封冻间隔期很短，没有足够的时间进行犁地、平地、筑埂、灌水。采取沟灌或畦灌的棉田灌水量为 1 050~1 350 m³/hm²，滴灌方式灌水量 450~600 m³/hm² 即可。灌水要均匀、渗透一致，便于犁地机车进地作业。

秋冬灌：即作物收获耕翻后的灌水，时间在秋末冬初，应坚持"宜早不宜迟"的原则。灌水方法有多种，常见的有沟灌和打埂作畦灌等，不宜大水漫灌。一般灌水量 1 500~1 800 m³/hm²，灌水深度 20~30 cm，保持水层时间视土壤含盐碱量而定，一般为 3~5 d，灌水后的土壤含盐量应低于 0.3%。

2. 春季灌溉

春季灌溉一般适用于春季缺墒地块、盐碱重的地块和地下水位高的下潮地，根据土壤质地决定灌水量和治碱次数，达到脱净盐碱、播前墒足。一般在春季完全解冻时，尽可能早灌，若春灌时间较晚，或临播前才灌溉，灌水量则不宜过大，以防降低地温过多，或与降雨重叠，延误棉花适时播种。灌水方法有打埂作畦灌和播前滴水春灌等。

打埂作畦灌：春季返盐重的或墒情不足的棉田，应于播种前 15~20 d 筑埂，灌水压盐补墒，灌水质量同冬前贮水灌溉，一般灌水量 1 500~1 800 m³/hm²。地下水位高的下潮地要严格控制灌水量，以防延误播期。

播前滴水春灌：前茬作物收获后及时进行秸秆还田、残膜回收、施足底肥、耕翻耙糖平整，翌年春后，先铺滴灌带和地膜，每公顷滴水量 1 350 m³，分两次滴水，每次滴水量 525~675 m³/hm²，待膜内 5 cm 地温达 14 ℃ 以上、气温相对稳定时，在膜上打孔点播。该方法可起到省水、省工、防风、保全苗的作用。

3. 灌后保墒

灌后保墒是保证和提高贮水灌水效果的重要内容，灌水后必须注意耙糖保墒，特别是在早春地表刚解冻时及时进行耙糖、破除地表板结，使土壤达到上虚下实，可以保住表墒，提高地温，同时保持良好的通气状况，减少土壤蒸发，创造极好的播种出苗条件。

（二）净地

净地即净化土地，使地表清洁干净，减少残膜危害，提高播种质量和保证棉苗正常生长，同时有助于后期机车作业、提高作业质量。播前净地主要是进行残膜、滴灌带、秸秆和杂草的清理，早春解冻后及时清理田间秸秆和杂草，结合平整土地和耙糖进行残膜和滴灌带回收，以机械回收为主、人工捡拾为辅，确保净地质量。同时，进一步清除杂草来源，减少草害。田边、路旁、田埂、井台及渠道内外的杂草都是棉田杂草的重要来源,通过风力、流水、人畜活动带入田间,或通过地下根茎向田间扩散。因此,必须认真清除棉田四周的杂草,特别是在杂草种子尚未成熟之前可结合耕地、积肥等措施及时清除,防止其扩散。

(三) 基肥深施

基肥深施具有提高土壤持续供肥能力、提高肥效的作用。秋施肥即结合秋季土地耕翻施入底肥,肥料宜为有机肥,如厩肥、粪尿肥、饼肥等。可将100%的磷肥、20%~30%的氮肥、50%的钾肥在耕地前均匀撒于地面,然后耕翻土中。采取耕地机械安装施肥装置的方法省工高效。

(四) 土壤翻耕

土壤翻耕又称为犁地。翻耕土地可以翻转疏松耕层,并可利用晒垡、冻融,改善耕层的物理、化学、微生物条件,起到翻埋肥料与残茬、减轻返盐、消灭杂草与病虫害等作用。

深度是质量重要指标,适宜的翻耕深度,必须根据两条原则:一是因地制宜,一般肥地、旱地、较黏重及地表土盐分多的土壤,可耕得深些;水浇地、水稻田、沙土地及新土含盐多的土壤,可耕得浅些。上黏下沙的土层不能过分深耕,避免漏水漏肥;上沙下黏的土则可适当加深,使沙黏混合,利于改良土质。二是因翻耕时间制宜,秋耕、冬耕和伏耕晒垡,耕得需深;春耕和播前耕地需浅。但在干旱少雨与风沙地区,秋冬耕过深容易跑墒或遭风蚀危害,应以浅耕为宜。

翻耕最好在前茬作物收获后立即进行。一般要在适耕期翻耕,翻耕深度≥25 cm,不重垡,不漏耕,犁地到边到角,无明显的墒沟、垄背。对于土地平整度差、黄萎病较重的棉田,可通过大马力深翻、深水灌溉压盐等措施进行中低产田改造,遏制黄萎病蔓延。超深耕使用大马力拖拉机,配套单体深翻犁作业,翻耕深度可达50~70 cm,4~5年进行一次。

(五) 整地

整地分为冬前整地和开春整地。冬前整地是在前茬作物收获后及时进行秸秆还田、残膜回收、施足底肥、翻耕耙耱平整;开春土壤解冻后,对于秋冬灌的棉田,播种期适墒整地,使土地处于待播状态。整地分为平地和耙整地两道工序完成。对地形复杂、高低差距大的棉田,要选用刨式平地器进行平地;对地形较平坦、高低差距小的棉田,可采用框式平地器平地。

耙整地又包括耙地、耱地和镇压3道工序。一般是先耙耱(耙的后边带耱子),后耙压(耙的后边带环形镇压器)。地形较平坦的可选用联合整地机进行复式作业,一次完成,减少机械对土壤的多次碾压。

整地标准要达到"齐、平、松、碎、净、墒"六字标准。"齐":整地到头、到边、到角，每个地方都要整齐；"平"：地平如板，要求在一播幅（4~5 m）内高度差距小于2 cm；"松"：表土疏松，松土层5~6 cm；"碎"：土碎无大土块，要求在1 m² 内直径2 cm以上的土块不多于3块；"净"：地表干净，无残枝、根茎、废膜等，要求地表无10 cm以上的硬物；"墒"：要求墒情达到"手握成团，落地即散"的标准。

整地作业方法一般有顺耙、横耙、对角斜耙3种基本方法。顺耙时耙地方向与耕地方向平行，工作阻力小，但碎土作用差，适宜于土质疏松的地块；横耙时耙地方向与耕地方向垂直，平地和碎土作用均强，但机组震动较大；与耕地方向成一定角度的耙地方法称为对角斜耙法，平地及碎土作用都较强，机组作业路线应根据地块大小和形状等情况，合理选择。地块小且土质疏松时，可采用绕行法，先由地边开始逐步向内绕行，最后在地块四角转弯处进行补耙。若地块狭长，可采用梭形法，地头做有环结或无环结回转，此法在操作上比较简单，但地头要留得较大。在地块较大或土质较黏重的地块作业时，采用对角线交叉法比较有利，此法相当于两次斜耙，碎土和平土作用较好。整地作业应在最佳墒情时进行，作业第一圈时，应检查作业质量，必要时进行调整，机组作业速度一般在6~8 km/h，相邻两个幅宽可重叠10~20 cm，转弯处防止漏耙。

（六）土壤封闭处理

土壤封闭处理是当前新疆棉田最常用的杂草防除方式，即通过播种前喷洒土壤处理除草剂防治杂草的一种方法。目前，常用的除草剂和施用方法如下。

48%氟乐灵乳油：防治对象一般为稗草、马齿苋等一年生禾本科和小粒种子的阔叶杂草。每公顷用药量1 200~1 800 mL，沙壤土取下限，黏土取上限。要求喷洒均匀，不重不漏。该药见光宜分解失效，因此，喷药后应立即混土或喷药与混土复式作业，混土深度不宜超过8 cm；或者选择在夜间施药，进而提高药效。喷药后不宜再进行土地平整。使用氟乐灵要注意严格控制用药量，剂量过大可造成苗期急性药害；宜与其他除草剂交替使用，多年连续使用可引起棉株慢性中毒。

90%乙草胺乳油：防治对象为一年生禾本科杂草及部分双子叶杂草。每公顷用药量1 950~2 700 mL。在表层土壤足墒时不必耙地混土；在表土干旱时应浅耙混土作业。在土壤透水性较差且土壤墒足时应减少用药量。

33%二甲戊灵乳油：防治对象一般为禾本科杂草及小粒种子的阔叶杂草。每公顷用药量2 250~2 550 mL。该药通过杂草幼芽、幼根和茎吸收，抑制分生组织细胞分裂，使杂草幼苗死亡。具有活性高、杀草谱广、持效期长、对作物安全等特点。

二、种子准备

种子是品种优良性状的载体,是有生命的、重要的生产资料,是实现棉花优质高产高效的基础和前提。种子质量直接影响着"宽早优"的精量播种(一穴一粒种子),对播种出苗具有决定性意义。2018年,中国农业科学院棉花研究所首次制定了针对"宽早优"精量播种的种子质量标准DBN6523/T 233—2018《"宽早优"植棉种子质量》,种子质量标准化,播种前种子准备要选择适宜品种并精选包衣,为精量播种、全苗壮苗奠定基础。

(一)"宽早优"机采棉对品种的要求

由于"宽早优"等行距种植的行距宽,个体发育条件改善,因此,对种植的棉花品种有其相应的要求:生长势强,自动调节能力强;结铃性好,生产潜力大;棉株整齐度好。对于矮株紧凑型品种不宜使用。叶片中等大小,上举,中长果枝,叶枝少,以利于构建立体受光的群体和争取外围铃。茎秆粗壮,根系发达,抗倒伏。

此外,还要具有适合新疆棉花生产的以下基本要求。

早熟性:棉花是喜温好光作物,新疆棉区春季升温慢且不稳,秋季降温快,无霜期短,高能同步期短,有效积温相对不足。因此,早熟性是新疆棉区品种选择的首要条件,应依据不同地区的温度、霜期等条件选择生育期相协调的品种。

抗病性:新疆棉田重茬面积大,重茬年限长,枯、黄萎病发生面积大,为害程度重。因此,抗病性是本棉区选用品种的重要条件。

抗逆性:新疆棉区灾害性天气多,春季霜冻、风灾、夏季雹灾、高温,秋季降雨、降温、早霜等,常常给棉花生产带来不利影响。因此,要求棉花品种的抗逆性和灾害自我补偿能力要强。

适合机采特性:新疆棉花必须具有适宜机械化采收的特性,因为机械化采收是节本增效的主要措施之一,也是棉花生产发展的必然趋势,是实现稳定可持续发展的基本条件。适合机采的棉花品种应具有的条件是果枝长度≤35 cm,第1果节长度10~15 cm。过短不利于前期对光能的利用,过长不利于后期化学脱叶作业。吐絮快而集中,含絮力中等,平均吐絮期在35~40 d,铃壳开裂好。最下部果枝着生在主茎的位置距地面高度或最下部的棉铃距地面高度在18 cm以上。对脱叶剂较敏感。纤维较长,整齐度较好。选择的棉花品种的纤维长度比生产目标对原棉要求长度1~2 mm。与手采棉相比,生育期缩短20 d左右;依据机械采收时间的陆续进度,形成成熟期的搭配,保证品种的适采期与机采进度协调。

综上所述,"宽早优"适宜的棉花品种以杂种优势强的早熟、中早熟杂交棉品种为主,也可使用一些生长势强、结铃性好、中长果枝、适合机械采收的常规棉花品种,以及具有一定杂种优势、性状优良的杂交种二代。

(二)提高种子质量标准

种子质量是实现一播全苗和壮苗早发的关键。随着植棉技术水平的提高,特别是"宽早优"技术体系的不断完善、播种技术和机械性能的精准化、节本增效的社会需求,使得对棉花种子的质量标准要求更高。目前实施的国家标准《经济作物种子 第1部分:纤维类》(GB 4407.1—2008)和农业行业标准《硫酸脱绒与包衣棉花种子》(NY 400—2000),对棉花毛子、光子和包衣种子,原种和大田用种,品种的纯度、种子净度、发芽率和水分作了标准划分。其中,有些标准如光子和包衣子的"发芽率不低于80%"不适应当前生产需要,以发芽率80.1%为例,虽符合标准要求,但按照此标准执行,会不同程度增加生产成本降低植棉效益。为此,"宽早优"植棉对种子质量标准需适当调整,其中,将光子和包衣子的发芽率由"不低于80%,提高到95%",以满足"精量播种、一穴一粒、匀苗壮苗"的生产需求。

(三)播种前晒种

晒种是指在播种前选择晴朗的天气将种子摊晒连续3~5 d。晒种可打破种子休眠,提高发芽率和发芽势。晒种要注意的是,在水泥地摊晒厚度不宜太薄,以5~6 cm为宜,防止太薄温度过高形成"铁籽",影响发芽出苗。

(四)包衣或拌种

为了防治棉花苗期病虫害,通常采取药剂处理以及使用调节剂促进种子发芽出苗、齐苗壮苗的植物保护措施。目前普遍采用的方法是种子企业进行批量的种衣剂包衣技术,主要包衣剂有福多甲包衣剂和卫福包衣剂。福多甲包衣剂内含福美霜、多菌灵、甲基立枯灵3种杀菌剂,属棉花专用型包衣剂,以药种比1:50的比例进行包衣。可在包衣机里进行包衣,也可在搅拌机里进行包衣,边包衣边装袋,包衣质量也较好。卫福包衣剂为广谱性包衣剂,可对多种作物的种子进行包衣,药种比为1:200,药效期较短,包衣方法同福多甲包衣。

也可采用杀菌剂、杀虫剂混合拌种。一般多菌灵用种子重量的5‰,或敌克松用种重量的4‰进行拌种。杀菌剂要提前15 d拌入,杀虫剂随拌随播。也可根据当地生产实际、拌种目的,选择针对性的拌种剂、调节剂进行包衣或拌种,但必须建立在试验研究的基础上,确保包衣拌种效果。

三、作业机具及物资准备

(一) 作业机具准备

棉花播前准备好作业机具，对整地播种机具、滴灌带铺设装置等机具进行检修并调试，确保良好运行工作状态并进行试播，依据"宽早优"模式密度要求调试播种盘，确保密度准确、一穴一粒、种子膜孔对应，检查精量播种机铺膜、压膜和覆土的情况，采用膜宽 2.05 m 地膜、"宽早优"种植模式，相邻两幅膜的接行误差范围控制在±2 cm，压膜深度 5~7 cm，压膜边小于 4 cm，采光面大于 1.9 m，空穴率小于 2%。棉花膜上点播深 1.5~2 cm，种穴覆土厚度 0.5~1 cm。

(二) 物资准备

棉花播前需要做好肥料、农药、地膜、滴灌设备等农用物资的准备工作，确保适期播种、适期作业、质优高效、不违农时。选购农膜时，查看合格证和生产日期，农用薄膜有效质量保证期为 1 年，外观质量要符合 GB 13735—2017《聚乙烯吹塑农用地面覆盖薄膜》的规定，地膜厚度必须大于 0.01 mm，便于残膜回收；购买滴灌带时要查验滴灌带有无合格证和规格型号标签，外观色泽是否均匀一致，表面是否光滑，拉伸性、抗氧化性能要好；准备化肥和农药，依据种植面积、目标产量决定氮、磷、钾大量元素肥料和中微量元素肥料以及播前土壤封闭除草剂的购买数量。

第二节 播种技术

"宽早优"植棉提高播种质量，实现以播代管轻简化技术，主要包括适期播种、提高播种质量和播后管理 3 个主要环节。

一、适期播种标准

适期播种可使种子适时发芽出苗、一播全苗、壮苗早发，促进早现蕾、早开花，延长有效结铃期和优质结铃期，有利于棉花早熟、高产、优质。但是，播种过早、地温低，出苗时间延长，养分消耗多，棉苗生活力弱，易发生病害，则会导致"早而不全"和生育期推迟，造成晚熟减产。反之，如果播期过迟，虽然温度高、出苗快，但又"全而不早"，不仅浪费了宝贵的热量资源，还常常形成瘦弱的高脚苗。因此，播种期的过早和过迟均是不可取的，"适期"主要包括以下指标。

(一) 温度指标

棉花种子发芽出苗必须具备适宜的温度条件。一般陆地棉中熟品种发芽出苗的最低临界温度为 11.5 ℃，早熟品种稍低于此指标为 10.5 ℃，晚熟品种稍高于此指标为 12 ℃。发芽最适温度为 28~30 ℃，最高温度为 40~45 ℃。发芽试验所用的温度一般为恒温，但在自然条件下为变温。在自然条件下，从播种到出苗的温度是开始时较低（冬季南繁棉花除外），后来渐高；一日之内是凌晨较低，中午较高。试验研究证明，在日平均温度相等或相近的情况下，昼夜温差较大的处理，发芽速度愈快。因此，在日均温度相等或相近的地区，温差大的播种期比温差小的可适当提早一些。

新疆"宽早优"植棉普及了地膜覆盖技术，为确保播种出苗效果，播种期以膜下 5 cm 地温连续 3 d 稳定通过 12 ℃时为温度指标。

(二) 土壤水分

据研究，陆地棉种子萌发时的适宜含水量为其风干种子重的 60%~80%，如欲继续发芽，并达出苗要求，其需水量需更高些。棉子发芽出苗所需水分主要来自土壤，故土壤墒情对出苗有决定性作用，土壤过干、过湿都对发芽不利。适宜种子发芽出苗的土壤水分为田间持水量的 70%~80%。棉花种子进行脱绒形成光子，减少了棉短绒对水分的吸收，种子内胚芽和子叶可尽早吸收水分，加快发芽出苗进程。播种后适当镇压，增加了土壤与种子接触的紧密度，有利于种子对水分的吸收，促进发芽出苗。

(三) 土壤氧气

陆地棉种子中含有较多的油脂和蛋白质，因此，棉子发芽比一般禾谷类种子需要更多的氧气才能使这些物质顺利地进行氧化、分解和利用。如果氧气不足，酶的活性降低，子叶中的养料分解慢，呼吸强度低，甚至进行无氧呼吸，产生有害物质，对棉子发芽有害。适合种子发芽的土壤空气中应含氧 7.5%~21%，CO_2 浓度不能超过 10%，但如土壤空气中含氧量增至 21%时，CO_2 浓度虽高至 15%，对棉根生长也无不良影响。在棉花生产上，播种的种子出苗好坏还与播种覆土及通气状况关系密切，覆土过深或有大土块压盖种子时，不利下胚轴的延伸、顶土、出苗；播种后遇雨、灌水，地面板结或土壤水量过大，都会由于氧的不足造成烂种，影响出苗。播种后机械作业不宜在种行上碾压，碾压太实，一则使种子处土壤通气性差导致氧不足，影响发芽出苗；二则增加下胚轴顶土压力，不利于发芽出苗。

(四) 终霜期

终霜期主要影响到棉花幼苗能否遭受霜害。特别是新疆棉区，有时棉花出苗后还遭受晚霜的危害，所以，播种期最早也只能在终霜期之前 10 d 左右播种，以免遭受霜害。掌握霜前播种、霜后出苗或霜后放苗的原则，还要考虑覆盖地膜的方式和方法。如果是先覆膜后播种，播种不必过早，以防早出苗受冻害；如果平覆沟种或超宽膜覆盖法，可适当提早播种。

（五）前作茬口

除前茬是棉花外，冬、春季种植作物收获后种植棉花的，这些前茬也影响到播种期。一般情况，前茬长势差，成熟早的，可适当早播，反之，适当晚播。

（六）各棉区适期播种期

南疆亚区气温较高，无霜期长，早春气温上升快且较稳定，播种期以4月5—10日为宜；北疆亚区无霜期短，而且易遭受晚霜危害，故应霜后出苗为原则，以4月10日以后至4月25日播种为宜；东疆陆地棉于4月4—20日播种，特早熟的海岛棉在4月10—15日播种。

二、"宽早优"标准化播种技术

播种技术直接影响棉花种子发芽出苗。棉花是双子叶植物，出苗靠下胚轴的延伸把子叶顶出土面，且子叶较大。因此，棉花的出苗顶土比其他作物困难得多。播种的深度、覆土厚度、土壤紧实度都会影响发芽出苗；播种株行距配置、种植密度以及下种的穴粒数、均匀度直接影响个体发育和整个生育期的群体结构，乃至温光的利用效果等。

"宽早优"植棉模式经过技术创新，目前的标准化播种技术是76 cm等行距（可依据产量水平适当调整）播种，机械化覆膜压膜、膜上打孔、单粒穴播（按照计划密度一穴一粒种子），机械铺设滴灌带，一机（次）完成的多项作业，且做到了定位的精准：精准确定播种、灌溉、施肥的部位；定量的精准：精准确定种、水、肥、药；定时的精准：精准确定实施作业的时间。经过现代装备的机械化播种，不仅实现了播种环节的高标准，而且为播种后田间管理减少了诸多用工、极大地方便作业，诸多内容实现了以播代管，使传统的"七分"管理降低为"三分"或更低，为节本增效创造了条件。

（一）精量播种模式

"宽早优"精量播种方式为膜上点播增温保墒方式，采用膜宽2.05 m地膜、一膜三行（76 cm等行距）种植。该方式既发挥了膜上播种方式不用放苗、节省劳力等优点，又通过"宽等行、降密度"减少了种孔行数和数量，提高了地膜的有效覆盖度，实现了增温保墒。目前，大面积推广的"宽早优"播种方式实现了多功能一体机械化播种，包括铺管（滴灌管带）、铺膜、压膜、精量穴播、播种行覆土等一体机完成，做到了播种、灌溉、施肥（滴水灌溉水肥一体化）部位的精准，播种量精准（一穴一粒率95%以上，空穴率3%以下），棉行千米垂直误差在3 cm以内，播幅连接行误差在2 cm以内。"宽早优"播种方式为棉田管理全程机械化奠定了良好基础。

（二）合理株行距配置

"宽早优"植棉的适宜密度，南疆12万~15万株/hm²，北疆13.5万~18万株/hm²，东疆亚区10.5万~13.5万株/hm²。超高产田、生长势强的杂交棉和生育期偏长的早中熟棉品种取低限，反之取高限。

行距与产量水平及采棉机相配套，一般以76 cm等行距为主，超高产田、大株型杂交棉可适当放宽。株距以密度和行距具体确定。大面积推广的以膜宽2.05 m，地膜厚度0.01 mm以上，一膜三行，76 cm等行距，滴灌带设置于3行棉行中间、偏向边行5 cm的膜下（二管三行）。为节约用水，可三管三行，滴灌带置于棉行5 cm处的膜下。为提高地膜增温保墒效果，特别是保证边行与中间行棉苗的一致性，边行外膜面要保持距棉株15 cm左右。

（三）播种质量

播种质量优劣直接影响棉花出苗效果，覆膜质量高低与出苗关系密切。播种覆膜质量要达到以下要求。

1. 适时覆膜播种

地膜覆盖一般可提高地温2~4 ℃，因此，播种时间可比露地直播提前5~7 d，以充分利用前期的有效温光资源。

2. 覆膜要求

铺膜平展紧贴地面，压膜严实，覆土适宜；地膜松紧度适中，过紧易拉破，过松会受风影响上下摆动，影响增温保墒效果。要特别注意地头、路边、中间设施周围的地膜要压紧，以防大风揭膜。膜面平展、采光面大。膜边垂直埋入土中，每边入土5~7 cm；机车作业速度应保持5~6 km/h，以保持膜面干净，提高采光效果。保持膜边、棉行直如线条，膜边与棉苗的距离在10 cm以上。防大风揭膜。覆膜播种时，视当地具体情况在宽膜中间放置土堆，土量适中，分布均匀，防止大风揭膜。播种后视天气情况滴水出苗，使地膜紧贴地面，提高防风效果。

3. 膜孔与种子对应

严格控制机车行走速度，确保种子在膜孔中间，种子行与膜孔覆土行不错位，防止种子与膜孔不对应而人工放苗。种孔覆土均匀，种孔覆土厚度1.5 cm左右，孔穴漏盖率5%以下。

4. 铺管要求

铺管（指滴灌带）与铺膜同时进行，滴管在铺设过程中应注意，有滴头的一面朝上，不要拖拽滴管，防止被尖利的石块等划破。最好开3~5 cm

浅沟埋住滴管。滴管的在棉行的位置准确一致。铺设滴灌带技术标准：一是滴灌带铺设中的拉伸率≤1%。保证管卷支撑架强度、管卷蕊轴内孔与支撑套间隙、管卷挡盘对滴灌带卷的限位要适当，使管卷转动的灵活度适宜，以滴灌带的拉伸度适宜为标准；二是滴灌带与种行行距一致性变异系数≤8%。为保证其一致性，引导环要光滑、无毛刺，不划伤滴灌带，材质硬度应高于滴灌带。使用中对引导环的技术要求：滴灌带铺设过程中顺利拉出，沿引导环光滑表面导向开沟浅埋铺设装置。引导环不宜过宽，两端应呈圆弧形，在滴灌带从管卷拉出过程中不翻面。三是滴灌带铺设应无破损、打折或打结扭曲。对开沟浅埋铺设装置的技术要求：安装于开沟器内的铺管轮转动灵活，光滑、无毛刺，即便在拉伸率大的状态下也不易划伤滴灌带；开沟器两边侧板能有效护住铺管轮不接触到土壤，保持铺管轮转动的灵活性，铺管轮内孔应耐磨，铺管轮轴应光滑；开沟器宽度要窄，安装后刚性要好，受外力作用后不变形，开沟器过去后土壤能自动向沟内回流，保持畦面平整，不影响铺膜质量。四是播种整体质量：铺膜平展紧贴地面，压膜严实，覆土适宜；滴水管带每行棉花一带，播种时确保迷宫朝上，滴头朝播种行，位置准确；铺膜压膜铺设管带不错位、不移位；播行端直，棉行千米垂直误差在 3 cm 以内，播幅连接行误差在 3 cm 以内；深浅一致，覆土均匀，接行准确，不漏不重；播量精准，空穴率2%以下，单粒率95%以上，出苗率90%以上。

达到播种质量要求的棉田，不仅保证一播全苗、齐苗、匀苗，还通过种子精选，保证出苗率，减少了查苗补种用工；通过单粒穴播，节省了间苗定苗及打顶等后续用工；通过卫星导航机械化精播，为全程机械化作业，实现节本增效奠定了基础。

三、播后出苗期管理

主攻目标：增强棉苗抗逆能力。

壮苗标准：出苗均匀，整齐度在90%以上；出苗后子叶平展、肥厚、微下垂，子叶节较粗，长度5.5 cm左右，子叶宽4~4.5 cm，子叶无伤痕，不带棉壳。将棉苗从土壤中连根拔出时，根系为白色。田间观察无断条，出苗整齐，出苗率≥90%以上，实现早苗、全苗、齐苗、匀苗、壮苗。播种至出苗期主要管理包括以下方面。

1. 查苗及补种

对播种时因机械故障造成漏播的地段，当时就做好标记，播种机过后立即补种，应注意种行连接，不得错行，以防中耕时伤苗。对未播到头、未到边的地方，使用小型播种机或播种器或人工补种；对于膜上播种，种孔土板结，或因土壤缺墒，播后浇水造成种孔土板结，应人工用钉齿滚破除板结，助苗出土。出苗过程发现缺苗进行补种。出苗后，因烂种死苗、病虫危害造成缺苗断垄的，对棉田出苗情况进行调查，做出标记，及时用简易播种器人工补种。

2. 扫净膜面

因播种时速度过快造成膜面覆土过多的棉田，播种后及时人工清除膜面碎土，以提高增温效果。改进播种机覆土装置，从根源上控制膜面碎土。

3. 安装滴灌系统

播种结束，立即组织人工安装毛管和支管，要求一块条田在播种后 2 d 内安装完毕，如果发现局部地方有缺墒干旱，可立即滴水补墒，保证一播全苗。

安装时，先安滴灌设施在田间出水桩位置与播种行垂直铺设支管，将支管通过阀门接入地面出水桩，并固定好。支管铺设好后，将支管处膜下滴灌软管（滴灌带）剪断，用专用打孔器在支管上垂直打孔，将三通压入支管，将剪断的滴灌带分别接入三通。支管及条田地两头滴灌带装好堵头，进行滴灌系统试水调试。

4. 播后滴水

田间滴灌系统安装调试后，对于干播湿出的棉田，待地温上升到适宜棉花出苗的温度时，对棉田进行膜下滴灌，滴水量一般为 75~150 m^3/hm^2，并随水滴施腐植酸肥料或生物菌剂。足墒播种的棉田视墒情到需要滴灌时进行滴灌。

新疆棉花播种后的出苗水滴量过大的危害较多。北疆棉花播种至出苗期低温天气常发，棉种对出苗水的多少非常敏感。滴水过多，地温降低，土壤结块，棉种发芽出不了苗。由于当时的地温刚刚超过棉花生长的温度 15 ℃，滴水过多会造成土壤温度降低到棉种出苗的临界温度以下，病菌侵染造成烂种烂芽甚至成片死苗导致重播。

在北疆棉区由于滴出苗水时间太长，或者滴灌毛管断裂、接口松动不严密，出苗水滴得向走道流甚至在地头成片流的现象较多。露天的走道水分蒸发散失后或者降雨后肯定会长出杂草，接着会板结和裂缝，那么及时中耕除草和破板结保墒就成了必须的被动措施。

适宜的滴水量，走道地表是干燥的。加上播种前喷施过封闭除草剂，只要不去破裂土壤表面的除草剂药膜层，杂草就不会发生。所以在干旱缺水、实行膜下滴灌的新疆棉区，勤中耕没有必要。

目前，有些地方由于缺乏及时的棉花合理用水技术指导，新疆棉花生产上存在把管水部门按照干旱土壤滴成饱和水分配下来的水量全部用完，宁可连续多次过量灌溉。由于过量用水而引起的出苗效果差，还要勤中耕、重复化控，最终造成了棉花贪青晚熟、减产明显、脱叶困难、籽棉含杂率高、还不利于机采的恶性循环。这是滴水量过大带来的严重后果，应引起高度重视。近年来部分植棉技术先进的团场提倡播种后滴两次出苗小水，第一次滴 80~150 m³/hm²，间隔 7 d 左右棉种发芽后，由于水分扩散土壤的田间持水量下降到 60% 以下时，再滴 75~150 m³/hm²。这种方式由于地温下降不明显，水分利用率提高，有利于棉花早出苗、出全苗、长壮苗，可示范推广。

5. 加强子叶期管理

主要是辅助放苗，雨后及时破除板结；及时防治病虫，棉花现行时立即预防蓟马，防治时可选用 20% 或 36% 啶虫脒 90~120 g/hm²，被害株率控制在 0.5% 以下；同时喷施缩节胺 7.5~15 g/hm²，培育壮苗，增强抗逆能力。

6. 防风措施

新疆棉区春季大风天气频发，为防止大风揭膜，一是播种覆膜环节提高覆膜压膜质量，增强抗风能力；二是结合墒情适时滴水，使地膜紧贴地面；三是大风频发棉田，适当增加压膜带或土堆。

第三节　地膜覆盖与滴灌管网铺设技术

一、地膜覆盖技术

在新疆棉区，棉花播种期是影响棉花生长发育和产量的一个重要因素，若播种过早，土壤温度较低会阻碍种子发芽，导致出苗稀疏，出现病害，且易遭晚霜危害；若播种过晚，虽然棉苗出土迅速，但吐絮延迟，产量降低。地膜覆盖具有显著的增温、保墒、抑盐和控草等效应，有效解决了西北内陆地区棉花生产中早期地温和积温不够的限制因素，不仅保证了棉花早播，而且促进了棉花出苗、成苗和生长发育，调整棉花开花结铃期与当地光热最佳时段高度吻合，是新疆产棉区实现"一播全苗、促早发争早熟"必不可少的关键技术。

研究地膜在棉花生产上应用的历史可以发现，辽河流域棉区和新疆地区最早开展了棉花地膜覆盖栽培试验，1980 年全国棉花地膜覆盖面积为 6 万亩，1982 年棉花覆膜面积达到 80 万亩，1992 年棉花地膜覆盖面积达到了 2 100 万亩，占全国农作物地膜覆盖面积 29.6%。由此发现，地膜覆盖极大促进了棉花产业发展，尤其是北方旱区和盐碱地区。20 世纪 90 年代后期至 21 世纪，在黄河流域棉区研发出育苗移栽技术，具有显著的经济和社会效益。在西北内陆棉区，棉花膜下滴灌新技术应用大幅度提高了棉花单产，提高了棉花质量。2015 年，全国植棉面积 5 699 万亩，其中新疆 2 857 万亩，基本100%进行地膜覆盖，黄河和长江流域棉区植棉面积2 842万亩，大约有70%进行地膜覆盖，达1 989万亩。地膜覆盖植棉技术已稳定发展为一项卓有成效的栽培技术。

在新疆棉区，前期地膜覆盖技术主要是窄膜覆盖，采用（60+30）cm宽窄行或60 cm等行距的播种方式，人工覆膜播种，但1983年后很快出现地膜植棉播种机，可一次完成铺膜、打孔、膜上播种、覆土等，效率大大提高。在技术推广应用过程中，新疆地膜覆盖方式随着播种株行距变化不断创新，宽度先由70~90 cm扩宽到145 cm宽膜，再到205 cm超宽膜，覆盖度提高了30%，可达到80%，增加了膜内温度和墒情，被称为"窄膜变宽"技术，即宽膜覆盖。在"窄膜变宽"基础上，把棉花边行向内移5 cm左右，使原来膜边距由5 cm变为10 cm，增加边膜采光面，提高膜内温度均匀性，简称"边行内移"技术。目前，为了进一步"向温要棉"和提高棉花产量，近两年推出超宽膜（膜宽4.4m）种植，其地面覆盖率可以达到91%，农膜回收率可以达到90%以上，对于减少棉田白色污染、促进农业可持续发展起到积极作用。为提高地膜回收率，国家强制性标准将地膜厚度由0.006 mm提高到了0.01 mm。覆膜技术可以有效提高地温3~5 ℃，使新疆棉花播期提前7~10 d，促进棉花早出苗和保障一播全苗，30 d内土壤含水量比对照高20%；并调整棉花生育进程与光热最佳期同步，压盐碱和减少病害，提高棉花产量在40%以上。

针对新疆播种期不稳定的天气变化及盐碱土壤问题，采用双膜覆盖播种技术，配套双膜覆盖精量播种机，在原单膜覆盖基础上，将原有带膜孔的地膜上覆盖一层膜，待棉花出土顶膜时揭去上膜，双膜覆盖投资少、成本低，可以显著改善棉花出苗情况，提高棉苗抗性。

二、滴灌管网铺设技术

播种过程滴灌设施的铺设和分布是提高膜下滴灌水肥效果的前提和关键。

1. 滴灌管网布置原则

（1）符合滴灌工程总体设计要求：井灌区的管网以单井控制灌溉面积作为一个完整系统。渠灌区应根据作物布局、地形条件、地块性状等分区布置，尽量将压力接近的地块分在同一个系统。

（2）出地管、给水栓位置：给水栓的位置应当考虑到耕作方便和灌水均匀。给水栓纵向的间距一般在80~120 m，横向间距一般取150~300 m（自动化控制条件下取100~200 m），水质过滤质量较低、滴头流量较大（1.8~3.2 L/h）的情况下，横向间距适当降低（如100~200 m）有利于提高灌溉均匀度。

2. 安装铺设技术要求

铺管与铺膜、播种同时进行，滴灌在铺设过程中应注意，有滴头的一面向上，不要拖拽滴灌带，防止被尖利石块划破，最好开 3~5 cm 浅沟浅埋滴灌带；播种后 48 h 内管网安装完毕，如果发现局部地方有缺墒干旱，可立即滴水补墒；管网安装时，先按滴灌设施在田间出水桩位置与播种行垂直铺设支管，将支管通过阀门接入地面出水桩，并固定好。支管铺设好后，将支管处膜下滴灌管（滴灌带）剪断，用专用打孔器在支管上垂直打孔，将三通压入支管，并剪开滴灌带两端分别接入三通。支管和条田地两头滴灌带装好堵头，进行滴灌系统试水调试。

在"宽早优"模式（76 cm 等行距）种植情况下，一膜（膜宽 2.05 m）三行棉花滴灌带铺设在 3 行棉苗的中间膜下（二管三行棉花），2 条滴灌带设置于向边行棉苗偏 5 cm；为节约用水，也可三行三管，将滴灌带铺设在每行棉苗边 5 cm 处。在该模式下，每条滴灌带只负责一行棉花生长发育的供水需要，能最大限度地保证棉田灌水的均匀性，同时也便于小水量、高频率自动化控制灌溉措施的落实。

3. 灌溉终止后地面管网及设备管理

棉花生产季节结束后，对滴灌系统 PE 支管应在正午高温时进行编号盘整控水回收，整体遮阳储藏放置在库房，并对滴灌系统毛管统一回收。

终止灌溉后，对滴灌系统水泵、变压器，进行拆卸维护保养，然后妥善放置在库房保存；对过滤系统设备、施肥设备进行拆卸维护保养，妥善存放；开启滴灌系统管网各管道排水阀，放空地下管网中的灌溉积水，以防冬季严寒冻裂地下管道。

第四节　病虫草害防治

从棉花收获后到第二年播种前这段时间，棉田病虫草均处于越冬阶段，生命力最弱，是开展病虫草害防治的关键时期。例如棉铃虫和地老虎以蛹在土壤中越冬，棉叶螨以雌螨在枯枝落叶下越冬，棉花枯黄萎病病菌在棉田土壤中越冬，棉田一年生杂草种子都散落在地表面，多年生杂草则以地下繁殖器官在棉田土壤中越冬。因此，抓住越冬期的有利时机进行防治，可降低翌年病虫草害发生基数，对于控制棉花生育期内各种病虫草的为害将起到积极的作用，达到事半功倍之效。

一、农业防治

1. 及时深翻冬灌

新疆棉田一般在 11 月中下旬进行深翻冬灌。深翻 20~30 cm，可以把地表的虫卵和病菌孢子埋于地下，使之腐烂或窒息死亡；而裸露在地面的，可被冻死或鸟兽取食，从而减轻病虫害的发生。据观察，棉田冬耕以后棉铃虫蛹有 72% 被破坏，棉叶螨越冬率可降低到 0.13%~0.53%，而未冬耕棉田，棉叶螨越冬率却高达 48.7%~100%。冬灌也可以减轻病虫害的发生，据调查，冬耕冬灌田虫蛹死亡率在 70% 以上，只耕不灌田虫蛹死亡率在 60% 左右，而不耕不灌田虫蛹死亡率在 40% 以下。棉田深翻 60 cm 是目前控制棉花黄萎病发生和为害的有效措施。深翻 60 cm 能有效减少耕作层 0~40 cm 土层中黄萎病微菌核的数量，相对防效达 58.5%，成为抑制干旱地区重病田黄萎病发生的有效防控措施。

深耕可防除一年生杂草和多年生杂草。在草荒严重的农田和荒地，通过深耕改变杂草的生态环境，把表层杂草种子埋入深层土壤中，消灭了大部分杂草，减少了一年生和越年生杂草的数量，又把大量多年生杂草的营养繁殖器官（如根茎、块茎等）翻到地面干死、冻死，减少杂草为害。棉田牛筋草、马齿苋、反枝苋、灰绿藜、狗尾草等的种子集中在 0~3 cm 土层中，只要温湿度合适，就可出土为害，一旦深翻被埋至土壤深层出苗率将明显降低，从而降低为害。芦苇、田旋花、扁秆藨草等，通过深翻，破坏地下繁殖器官，或翻至地表，经过风刮日晒，失去水分严重干枯，经冷冻、动物取食等而丧失活力，从而使杂草发生量明显降低。因此，冬耕也是防治多年生杂草的有效办法。

2. 加强轮作倒茬

目前，玉米田已有多种除草剂可防除多种阔叶杂草和莎草，若棉花与玉米轮作，在玉米田有效控制住多年生阔叶杂草以后再种棉花就会显著减轻棉田草害防除的压力。

3. 合理作物布局

提倡实行棉田与小麦、油菜、红花等邻作或在地头、边行种植苜蓿、油菜等诱集作物，改变农田单一的生态结构，创造有利于天敌栖息和繁殖的环境，增加天敌数量，提高天敌对害虫的控制能力。此外，在棉田播种的同时，在棉田地边垄沟每 25 cm 一株点播早熟玉米，种植玉米诱集带，利用棉铃虫成虫喜在玉米上产卵栖息和幼虫的自相残杀习性，结合人工操作，集中力量捕杀幼虫和成虫。

4. 清除杂草

田边、路旁、田埂、井台及渠道内外的杂草都是棉田杂草的重要来源，通过风力、流水、人畜活动带入田间，或通过地下根茎向田间扩散，因此必须认真清除棉田四周的杂草，特别是在杂草种子尚未成熟之前可结合耕地、积肥等措施及时清除，防止其扩散。

二、化学防治

1. 种子包衣防治病虫害

目前，普遍采用的方法是种子企业在进行种子加工时进行批量的种衣剂包衣处理，以达到防治苗期病虫害的目的。

2. 土壤封闭防除杂草

新疆棉田普遍采用地膜覆盖，在地膜覆盖条件下，由于地膜的密闭增温保墒作用，使膜内耕作层的墒情好、温度较高而且变化小，非常有利于杂草的萌发出土，因而导致杂草出苗早、发生期长。土壤墒情正常情况下，播种覆膜后 5~7 d 杂草开始出苗，在 15 d 左右杂草达到出苗高峰。即便土壤墒情较差，只要棉花能正常出苗，杂草在盖膜后的 25 d 内也会达到出苗高峰。由于地膜覆盖棉田杂草出苗快、时间短、出苗数量集中，这种出苗规律有利于覆膜前一次施药即可获得理想的除草效果。若不施药防治，杂草往往还能顶破地膜旺盛生长，为害更大。因此，地膜覆盖栽培必须与化学除草相结合。施用除草剂一定要严格按操作程序和施用剂量使用，不可随意加大用量，以免造成药害，影响棉花出苗。

第三章

"宽早优"棉花苗期管理技术

第一节 肥水管理

棉花的生命活动受光、温、水、肥、培、管技术等多因素的影响。水分和养分的供应,在棉花生长发育、营造合理群体结构过程中具有重要的调控作用。滴灌棉田因滴水过早或早期水量偏多,同样会引起棉花旺长。同时,滴灌因面积大而降低滴灌水量,如果受旱一般不易挽回,特别是开花、结铃期,缺水将对棉花产量造成严重影响。在掌握各次灌量时,应按照不同土壤、不同类型苗情适当增减,强调"因地制宜,因时制宜,因苗制宜",确定滴灌的时间和灌水量。

棉田需水量是指单位面积的棉花从种到收一生中地面蒸发量与叶面蒸腾量的总和。棉田需水量受地下水位深度、降水量、棉花产量与土壤含水量等因素左右,其中前两个因素最为密切。棉田地下水位深经常保持在1.5 m以上时,对棉花根系的补给量可达100%。据此,地下水位高的棉田可少浇水或不浇水;地下水位深超过4 m,补给量极少,利用率低,要保障供水。

通常情况下,棉田水分消耗主要包括棉田蒸发、植株蒸腾、径流损失、深层渗漏等4个方面。在膜下滴灌条件下,灌溉系统得到很好控制,一般不会有径流损失和深层渗漏。膜下滴灌棉田的薄膜覆盖度达到90%以上,水分通过田间蒸发途径的损失量也很小。因此,蒸腾作用是膜下滴灌棉田水分消耗的主要途径。数据表明,棉花膜下滴灌蕾期以前、吐絮期以后的田间耗水量较低,耗水高峰期是花铃期。因此,膜下滴灌棉田水分管理的关键时期是花铃期,此期适宜的水分管理是保证棉花产量形成的基础。根据膜下滴灌棉花田间耗水率和需水量,在膜下滴灌的水分管理中,应坚持棉花苗蕾期、始花期、盛花—盛铃期不同时段对水分利用量的不同,采取不同的水分管理方法。棉花膜下滴灌各生育阶段的田间需水量及耗水率见表3-1。

表 3-1　膜下滴灌棉花田间需水量和耗水率

项目	苗期	蕾期	花铃期	吐絮期	全生育期
需水量（mm）	45.0~60.0	53.0~75.0	305.0~400.0	25.0~50.0	431.0~650.0
耗水率（mm/d）	1.3	2	5.5	2.3	2.9

一般全生育期灌水 9~11 次，灌水量为 280~330 m^3/亩。根据土壤墒情和棉田长势情况进行灌溉，滴水周期 7 d，每次滴水 300~450 m^3/hm^2，滴水标准为膜下土壤全部湿润，湿润深度 60 cm。苗期土壤水分下限控制在田间持水量的 50%~70%，蕾期控制在 60%~80%，花铃期控制在 65%~85%，吐絮期控制在 55%~75%。

在正常滴灌条件下，棉田膜下滴灌的最大计划湿润层深度为 60 cm，在 60 cm 以下的土壤水分几乎没有变化，一般认为滴灌适宜湿润土层为 50~55 cm。如果滴头流量大于 3 L/h，则会产生地面径流。因此，在重壤土上，滴头间距选用 40~50 cm；中壤土上，滴头间距选用 30~40 cm 比较经济，并且滴头流量不宜超过 3 L/h；沙土湿润宽度较小，在不产生深层渗漏情况下，滴头流量 3~4 L/h，地表湿润直径为 60 cm 左右，水分运动主要以垂直入渗形式湿润土壤，因此，滴头间距不宜大于 30 cm。总之，应根据不同土壤性质选择合适的滴灌带规格，以满足灌水需求和避免造成水资源的浪费。

肥料是棉花生长发育的物质基础，是直接影响棉花产量、品质、效益的关键因素。科学施肥必须掌握土质和肥力基础的关键指标，即 0~30 cm 土层全氮、全磷及速效钾含量，以及有机质、有效磷及硼、钼、锌等微量元素含量，为科学施肥提供依据。施肥技术包括测土配方施肥、看苗诊断施肥、对比指导施肥，棉花施肥方法有基施、追施和根外施。追肥又分滴灌施和沟施，根据棉花不同发育时期，施肥种类、数量不同。

膜下滴灌水肥一体化的施肥原则应坚持：一是充分利用有机肥资源，增施有机肥，重视秸秆还田，为棉花全程稳长提供保障；二是依据土壤肥力和肥效反应，适当调整氮肥用量、增加生育期施用比例，合理施用磷、钾肥，生育期间随水滴施化肥，前期轻施，实现壮苗、稳长；三是中期重施花铃肥，促使多结伏桃，后期补施，为桃大、质优、防早衰提供保障；四是施肥与高产优质栽培技术相结合，尤其要重视水肥一体化调控。

一、棉花生育期生长规律与施肥原则

（一）棉花生长规律

棉花的生长发育规律是："四月苗，五月蕾，六月花，七月桃，稳七嫩八九不衰，十月棉花全裂开"。棉花一生中需要大量元素和微量元素肥料，属于全营养型作物。科学施肥有利于提高棉花产量，改善品质，降低生产成本，减少污染。为了获得高产优质棉花，必须在了解棉花需肥规律（表3-2）、不同类别棉花品种特征特性以及种植方式的基础上，进行科学合理施肥。另外，肥与水有密切关系，两者必须紧密结合，统一运筹，才能发挥最大效益。

表3-2　棉花不同生育期氮、磷、钾的吸收比例　　　　　　　　单位:%

生育期	时间（d）	氮（N）	磷（P_2O_5）	钾（K_2O）
出苗—现蕾	30	5~10	3	9
现蕾—开花	25	11~20	7	3
开花—盛花	20	40~56	24	36
盛花—吐絮	30	32	52	42
吐絮—收获	60	5	14	10

（二）施肥原则

根据棉花生长发育规律，施肥应掌握"壮苗长蕾控初花，盛花狠促把桃抓，狠施底肥，轻施蕾肥，重施花铃肥，补施盖顶肥，喷施叶面肥"。俗话说"水是命，肥是劲，有收无收在于水，收多收少在于肥"。因此，要实现棉花高产优质高效，要求棉田具有较高的肥力，在棉花生长期间能持续供给棉株生长发育所需的各种养分，并且通过施肥来提高土壤肥力，改良土壤结构。棉花施肥应遵循如下原则。

1. 有机肥与化肥相结合

有机肥具有养分齐全、肥效持久的特点，增施有机肥可改善土壤的理化性状，有机肥与化肥配合施肥可增加化肥的有效性，提高土壤的蓄水、抗旱和保肥性能。增施有机肥可增加土壤微生物丰度和多样性，促进养分的分解和吸收，最好是施用腐熟的有机肥，亩施用量2~3 m^3，或油渣80~100 kg。

2. 氮、磷、钾与微量元素相结合

根据土壤肥力和棉花生长发育进程，合理调控氮、磷、钾及各种微量元素的供应量，既防止最小供肥因子对棉花生长发育的制约，又避免盲目施用大量的"全元素"肥料，力求肥尽其效，增产增收。

根据新疆的土壤状况及土壤供肥性能，南疆地区棉花氮、磷、钾肥最佳配比为1：(0.48~0.55)：(0.1~0.15)。在有条件的地方可增施1~1.5 kg的锌肥和硼肥。在有机肥施用较少的地方也可搭配20~25 kg的有机无机混肥以增加有机肥的施用量。注意事项：有机无机复混肥或腐植酸类肥料不能单独作化肥施用，要和其他氮、磷、钾肥搭配施用。

3. 底肥和追施相结合

棉花生长期较长，根系分布深而广，施基肥可更好地使土肥相融，稳定地释放养分。棉花需肥敏感时期和需肥高峰期及养分的最大效益期进行追肥可更好地满足棉花所需。基肥应与追肥相结合，供需平衡，发挥棉花增产潜力，避免浪费和污染。新疆地区常规棉田一般磷肥和钾肥100%作基肥一次性施用，氮肥50%~60%可作基肥追施。对于滴灌棉田，可适当调大钾肥和氮肥的追施比例。追肥时要根据棉花长势遵循"前少、中丰、后补"原则，平均每次追施5~6 kg/亩，缺磷、钾棉田还可适量加施磷酸二氢钾1 kg/亩，滴肥重心放在盛花期和花铃期。

4. 肥料施用量的确定

基肥：基肥一般在秋翻、春耕时施入，并以施足为原则，即足量深施基肥（饼肥+化肥），为棉花全程稳长、高产优质提供保障。基肥施入不足棉田，很容易出现脱肥现象。对于肥力低的棉田每亩增施有机肥3~5 m³或饼肥75~100 kg，深施氮肥15~30 kg，三料磷肥或磷酸二铵20~25 kg、硫酸钾或氯化钾5~10 kg。

土壤缺磷（P_2O_5<10 mg/kg）时，推荐施用过磷酸钙（含P_2O_5 14%），用量为每亩15~25 kg，在严重缺磷棉田每亩推荐用量35~40 kg，但要注意与氮、钾和锌肥的配合施用。现蕾以后磷能加速棉花生育进程，提早成熟，增加霜前花。

土壤有效钾<50 mg/kg时，一般施钾肥12~16 kg/亩；土壤有效钾50~100 mg/kg时，施钾肥8~12 kg/亩；土壤有效钾100~150 mg/kg时，施钾肥5~8 kg/亩；土壤有效钾>150 mg/kg情况下，一般不施用钾肥。根据生产实践和试验，钾肥的施用以棉花播前、秋季作基肥深翻20~25 cm增产效果最好。若作追肥应尽量早施，因为棉花在现蕾至结铃期需钾肥较多，其吸收量约占总需钾量的70%，故追肥应在现蕾前施入，深度10~15 cm。

新疆南疆棉区棉花不同产量水平的需肥量为：亩产皮棉95~100 kg，吸收氮（N）、磷（P_2O_5）、钾（K_2O）分别为12.33 kg、3.39 kg和11.78 kg，N：P_2O_5：K_2O为1：0.27：0.96，折合尿素26.13 kg、磷酸一铵5.55 kg、硫酸钾22.65 kg；亩产皮棉145~150 kg，吸收氮（N）、磷（P_2O_5）、钾（K_2O）分别为14.42 kg、3.67 kg和13.0 kg，N：P_2O_5：K_2O为1：0.25：0.90，折合尿素30.62 kg、磷酸一铵6.01 kg、硫酸钾25 kg；亩产皮棉190~195 kg，吸收氮（N）、磷（P_2O_5）、钾（K_2O）分别为17.65 kg、4.77 kg和17.19 kg，N：P_2O_5：K_2O为1：0.27：0.97，折合尿素37.47 kg、磷酸一铵7.82 kg、硫酸钾28.18 kg。

然而，因为品种、气候条件等因素的不同，棉花对氮、磷、钾的需求也是不同的，应综合考虑多种因素及各因素间的互作效应。表3-3列举了不同棉区的研究数据。

表3-3 新疆不同产量水平棉花对养分的需求

皮棉产量 (kg/亩)	氮（N） (kg/亩)	磷（P_2O_5） (kg/亩)	钾（K_2O） (kg/亩)	N：P_2O_5：K_2O
120	16.3~18.0	4.8~5.0	24.6~18.1	1：0.29：1.05
150	21.7	8	18.5	1：0.37：0.85
172	31.3	10	58.3	1：0.26：1.27
200	25.7	16.3	22.7	1：0.63：0.88
平均160.5	26.2	13.2	33.2	1：0.38：1.01

注：数据来源于《新疆棉花养分资源综合管理》。

二、棉花苗期水肥管理

（一）棉花出苗水管理

棉花苗期管理是指从出苗期（50%的棉株达到出苗标准的日期）至现蕾期（50%的棉株开始现蕾的日期）这段时间的管理，一般25~30 d。棉花苗期是以生根、长茎、长叶，即增大营养体为主的时期，苗期根、茎、叶的生长速度，以根的生长速度最快，根是这一时期的生长中心。这个时期棉花体内的氮代谢较旺盛，而碳代谢较弱。此期棉株体较小，需要养分的绝对量不多。苗期棉株氮（N）、磷（P_2O_5）、钾（K_2O）吸收量分别约占全生育期总量的4.5%、3.0%、4.0%左右，该阶段的管理依据苗期的生育特点和苗期指标，应突出重点搞好病虫防治、酌情中耕等标准化管理。此时气温不是很高，且棉苗株体尚小，叶面蒸腾和土壤蒸发的强度都比较低。在幼苗阶段，土壤水分不宜过高，一般要求控制在田间持水量的55%~70%较为适宜，以利于幼苗稳健生长，避免小苗旺长。

"宽早优"棉花具有独特的生长发育规律，其不同生育期对水分需求也有其特点。一般在水促技术实施后3~5 d开始发挥作用，7~10 d促进作用最强，10 d以后作用逐渐减弱。苗期相应的水分调控措施主要包括以下方面：蓄足底墒，为早播全苗打基础。大量试验证明，棉花播种时以0~20 cm土层的土壤水分占田间持水量的70%~80%较为适宜，土壤水分低于70%时，种子吸水困难，发芽缓慢，即或发芽，也会因以后水分供应不上而"烧芽"干死，不能出苗；土壤含水率高于85%时，由于水分过多，地温低，且土壤通透性较差，棉籽发芽出苗慢，而且容易染病霉烂。因此，棉花蓄墒应采取秋耕冬蓄墒，结合早春耙耱保墒的方法，盐碱棉田还可结合灌水压盐，减轻盐碱为害。为争取适时早播，也可采取"干播湿出"的方法，即缺墒播种，播后随滴水造墒，水量满足发芽出苗和苗期生长发育需要即可。

出苗水灌溉，由于是在土壤干旱条件下以保证出苗为目的灌溉，所以也称出苗水或干播湿出灌溉，即对于没有条件冬灌和春灌的棉田，可利用滴灌条件，在棉花播种后对播种层进行少量滴水灌溉，保证出苗。采用"干籽播种、湿润出苗"的棉田，一般4月上旬点播，4月中下旬滴灌，出苗水量根据土壤性质决定，滴灌量为 $225\sim300\ m^3/hm^2$，沙壤土保水差可以多滴一点，壤土反之，标准为每个播种孔都有水，地表相邻2个滴头水印刚好相连即刻停水。如果播种时表墒不足，播种后检测墒情，确定是否补充灌溉。如果需要补充灌溉，滴水量 $80\sim150\ m^3/hm^2$，确保一播全苗。棉花苗期需水量少，损耗以地面蒸发为主。棉花苗期株小生长慢，耗水量较少。适于棉苗生长的1 m土层含水量以土壤田间持水量的60%~70%为宜，过少种子易落干，影响棉苗早发，过多易造成烂种，棉苗扎根浅，影响全苗和加重苗期病害。新疆棉区苗期土壤底墒好的情况下，苗期一般不浇水，以蹲苗促根。

如果点播棉田表土出现黄墒或点播后遇雨，墒情不能保证出苗，应及时补充水分，滴灌量为 $225\sim300\ m^3/hm^2$。另外，每亩可滴施1~2 kg腐植酸钾或黄腐酸钾类的肥料，或滴施含有生物菌肥或pH值较小（含植物酸）类的肥料，或含腐植酸+生物菌肥+植物酸类的复合型肥料。市场肥料产品种类繁多，宜选择口碑好、效果突出品牌，以达到促苗和保苗的目的。

第一次出苗水滴施后，7~10 d棉苗即将破土出苗时，碰到结壳现象，可以复滴一水，水量要小，以破除碱壳、助力出苗为原则。此时，可以带滴平衡盐碱的肥料和促进根系生长的肥料。

（二）苗期施肥管理

苗期需肥虽少，但对氮、磷、钾等养分缺乏十分敏感，尤其是对磷的需求。此时期如缺氮则抑制营养生长，延迟现蕾。棉花磷、钾的营养临界期均出现在2~3叶期，此时缺磷叶色暗绿发紫、植株矮小；缺钾则光合作用减弱、容易感病。

棉花苗期营养特性：以营养生长（根、茎、叶的生长）为主，同时开始果枝和叶枝的分化（生殖生长）是棉花苗期生育的特点。一般苗期可形成8~11片小叶，展平5~7片叶，基本定形节间4~6节；同时，2~3叶龄开始花芽分化。苗期吸收的养分较少，苗期氮、钾吸收比例高于磷，但养分对培育壮苗有重要作用。一些元素，如钾和铜可以增强棉花苗期的抗病能力；另外，如果棉花在三叶期缺磷，后期也难以弥补，称为临界期。苗期对氮的反应也很敏感，进入自养后的胚根就开始吸收环境中的氮，如果苗期供氮不足对纤维品质也将产生不利影响。

苗期施肥量要少，力争平稳早发。基肥用量少，地力薄，弱苗比例大的棉田，可采取叶面喷施尿素。苗期针对弱苗、僵苗棉田，可利用尿素、喷施宝等水溶液进行叶面喷施。苗期棉花以蹲苗为主，一般不施肥，此时蹲苗，以促进根系发育，培育壮苗，控制茎叶徒长，使根深苗壮，控制茎叶徒长，提高抗旱能力，打好丰产基础。对土壤墒情差、出苗困难，弱苗棉田在苗期可视具体情况灌溉和施肥；高肥力地块可不追肥，地力差的可施少量苗肥。棉花苗期需肥量只占一生总量的5%左右，施足基肥的棉田和肥地棉田，此期不宜追肥，未施基肥或基肥不足的棉田可轻施提苗肥，一般每亩施标准氮肥5 kg左右即可。棉花苗期浇水容易降低地温，既影响发苗又会加重苗病，因此，一般不宜浇水。个别干旱棉田，如确需浇水后应及时中耕，破除板结，促进棉花根系下扎。对于基肥施入不足、棉花出苗之后叶子发黄的，应该及时喷施1%~2%尿素溶液450~750 kg/hm²、0.2%磷酸二氢钾750 kg/hm²，一般情况下应连续喷施2次以上，间隔7~10 d。对于肥力较弱的种植地，可以追施尿素0.3 kg/亩。

第二节　化学调控

缩节胺，即1,1-二甲基哌啶鎓氯化物，英文名称Mepiquat Chloride (DPC)，是德国巴斯夫（BASF）公司于20世纪70年代开发的一种植物生长延缓剂（商品名Pix），在控制棉花株型和改善产量性状方面具有很好的效果。1980年，北京农业大学（现中国农业大学）受农业部委托主持了全国棉花应用缩节胺化控的联合试验，对促进缩节胺的迅速推广起到了很大作用。20世纪80年代中期至90年代初期，棉花每年使用缩节胺的面积在133万hm²以上。目前，缩节胺在我国棉田的应用面积已达到植棉面积的90%以上，成为各棉区棉花栽培的共性关键技术。

一、"宽早优"棉花苗期缩节胺化控原则

缩节胺总体应用原则是：视棉花生长情况合理使用缩节胺进行调控，遵循少量多次原则。

"宽早优"棉花播种密度16.5万~19.5万株/hm²，较"矮密早"模式群体数量较小，对个体长势要求高，主要依靠协同发挥单株和群体优势获得较高产量，个体长势较强，因而棉花苗期主要以促为主，不用或少用缩节胺。缩节胺应用次数及用量与"矮密早"模式相比显著减少。

二、苗期缩节胺应用技术

（一）子叶期（开始出苗至出苗期）

"宽早优"棉花子叶期一般不使用缩节胺进行调控，但若棉田出现出苗不齐的情况，要及时喷施缩节胺 0.1~0.3 g/亩，减少大小苗，实现出苗整齐、匀苗早发。

（二）苗期（出苗至现蕾）

"宽早优"棉花苗期管理目标：促进棉苗稳健生长，实现壮苗早发。"宽早优"棉田壮苗标准："2 叶平，4 叶横"。2 叶平，即两片真叶与子叶在一个平面上，叶面平展，中心稍凸起，叶色浅绿，主茎节间短、粗，株高 6 cm 左右；4 叶平横，四叶时株宽大于株高，棉株矮胖，株高 15 cm 左右，主茎日生长量 0.5 cm 左右。稳健生长棉田则无须喷施缩节胺。

当棉花处于 2 叶期时，如果真叶明显高于子叶，叶片过大，叶色深绿，4 叶时，生长点下陷，叶片肥大，下垂，叶色深绿，主茎嫩绿，主茎节间过长，株高超过 18 cm，即棉花生长过旺时，要每亩喷施 0.3~0.5 g 缩节胺以控制棉苗地上部生长，并促进根系生长发育。

如若苗期遭遇低温、风沙等造成棉苗生长过缓，棉苗较弱时，要及时喷尿素液或芸薹素内酯等生长促进剂以保证实现"宽早优"棉花 4 月苗。

第三节　病虫草害防治

棉花苗期由于气温仍较低，幼苗嫩小，根系尚不发达，抗病力弱，极易受病虫为害。棉花苗期病虫害是造成棉花死苗和缺苗断垄的主要原因，也影响棉花的一播全苗、苗齐、苗匀、苗壮，因此，必须要做好棉花苗期病虫害的防治。

棉花苗期病害主要包括立枯病、根腐病、炭疽病、茎枯病、红腐病、枯萎病等，尤其以导致烂种、烂根、死苗的立枯病、根腐病、炭疽病为害较大。轻则造成僵老苗，生长期延缓；重则造成死苗，田间缺苗断垄。造成棉花苗期病害的原因是多方面的，主因是春季气温多变，棉苗出土后常遇阴雨天气或强降温天气，低温高湿土壤环境加重了土传病菌对棉苗幼根侵染，导致棉花苗期病害发生严重，棉苗死亡。其次是棉田连作年限长，苗期病害呈逐年加重趋势。由于大多数引发棉花苗期病害的病菌多在土壤、腐烂叶根中寄生传播，使得土壤中病菌逐年积累增多，遇到适宜条件即造成棉苗发病。

棉花苗期害虫主要有地下害虫地老虎和叶部害虫蚜虫、棉叶螨、蓟马等。这些害虫以不同的时间和为害方式，给棉苗生长带来较大影响。棉蓟马在棉田发生较早，该虫活动敏捷，怕光，不易被人发现，主要为害棉苗生长点，棉苗只留下两片肥大的子叶不能再生长，形成"公棉花"或"无头棉"。蚜虫在棉田发生也较早，它繁殖快、食量大、为害重，被蚜虫为害的棉苗轻则叶片皱缩、棉苗推迟发育，重则叶片脱落死苗。地老虎曾是新疆棉田一种破坏性极大的地下害虫，习惯昼伏夜出，白天不易被人发现，尤其是二龄以后的大龄幼虫，夜间活动猖獗，专门咬断茎秆，一夜可破坏 2~4 棵棉苗，地老虎破坏后的棉田往往补救难度大。

一、苗期病害及其防治

棉花苗期病害是一类由多种病菌侵染引起的病害总称，其分布广泛，为害棉种萌发和幼苗生长。出苗前发病，常造成烂种、烂芽；出苗后发病，棉苗易形成猝倒、茎枯、烂根、子叶（真叶）出现病斑等。棉花苗期病害发生严重可造成缺苗断垄以至田间成片死苗，严重影响棉花的产量和品质。棉花苗期病害的防治应采取精选种子、适期播种和棉种处理为重点，加强农业措施，搞好田间管理，及时药剂保护为辅助的综合治理策略。

1. 棉种包衣处理

种衣剂包衣处理是目前生产上防治苗期病害最常见的方法。可选用 26% 多福立枯磷悬浮种衣剂、400 g/L 福美双·萎锈灵悬浮种衣剂、2.5% 咯菌腈悬浮剂（适乐时）、63% 吡·萎·福美双种衣剂等。

2. 适期播种

地膜棉 5 cm 土温稳定在 12 ℃，露地膜 5 cm 土温 14 ℃ 以上，或气温平均在 20 ℃ 以上时播种为宜。早播引起棉苗病害的决定因素是温度，晚播的决定因素则是湿度。

3. 加强耕作栽培管理

棉花与小麦、玉米等禾本科作物轮作，可减少田间菌量，减轻病害发生。棉田增施有机肥，促进棉苗生长健壮，提高抗病力，能抑制病原菌侵染棉苗。棉花出苗后应早中耕，一般在出苗 70% 左右要进行中耕松土，以提高土温，降低土壤湿度，使土壤疏松，通气良好，利于棉苗根系发育，抑制根部发病。阴雨天多时，及时开沟排水防渍。加强治虫，及时间苗，将病苗、死苗集中烧毁，减少田间病菌传染。

4. 药剂防治

低温多雨情况下棉苗易发生病害，特别是寒流侵袭和长时间阴雨连绵的天气，田间会大量出现病苗、死苗现象，因此，在寒流及阴雨前应及时喷药保护。可选用 200 g/L 甲基立枯灵乳油 1 000~1 200 倍液，或 50% 多菌灵可湿性粉剂 1.0~1.25 g/L，或 70%甲基硫菌灵可湿性粉剂 1.25~1.67 g/L 喷雾，发病初期可用代森锰锌、多菌灵、甲基硫菌灵等 500~800 倍液，或 50%退菌特 800~1 000 倍液喷雾，也可用萎菌净 500 倍液灌根，以上均对苗期病害有较好的防治效果。

二、苗期虫害及其防治

新疆棉区棉花苗期主要是黄地老虎、棉蓟马、棉黑蚜为害，其次是棉蚜、棉叶螨、棉盲蝽等为害。黄地老虎咬断嫩茎、咬食叶片，造成缺苗断垄，棉蓟马破坏生长点，形成"无头棉"和"多头棉"，棉黑蚜群集于棉苗嫩头，导致棉苗植株矮缩，根系发育不良，生长停滞，并推迟现蕾。棉蚜、棉叶螨、棉盲蝽此时也进入棉田为害，但相对为害较轻，现蕾后为害加重。

1. 黄地老虎（*Agrotis segetum* Schiffermüller）

黄地老虎可采取诱杀、毒土（毒砂）、药剂喷雾等进行防治。应加强田间管理，通过多次耕翻，精细整地，消灭杂草，从而消灭地老虎成虫产卵场所，根绝其幼虫早期食料来源；进行秋耕冬灌，破坏其越冬环境，消灭越冬老熟幼虫；利用黑光灯、虫情灯、糖醋液等物理防治方法诱杀地老虎成虫。

诱杀：饵料使用棉籽饼或豆渣，先将饵料粉碎，在锅内炒香，然后将 50%辛硫磷乳油 50 g 或 90%晶体敌百虫 100 g 加水 0.5 L 溶解，喷在 20~25 kg 炒香的饵料上拌匀，傍晚将拌好的毒饵料放到幼苗附近或行间，隔一定距离放一小堆，每亩用毒饵量 10 kg。

毒土（毒砂）防治：用 50%辛硫磷乳油 0.5 kg，加适量水，喷拌细土 50 kg，每亩用毒土（毒砂）20~25 kg 顺垄撒在幼苗根附近。

药剂防治：在地老虎低龄幼虫期，可选用 48%乐斯本乳油 800 倍液，或 20%菊马乳油 3 000 倍液，或 90%敌百虫晶体 1 000 倍液，或 50%辛硫磷乳油 1 000 倍液，或 2.5%溴氰菊酯（敌杀死）乳油，或 10%氯氰菊酯乳油，或 20%氰戊菊酯乳油 1 500~3 000 倍液等药剂，在傍晚地老虎出土活动时喷雾，每亩用药液 20~30 kg。

2. 棉蓟马（*Thrips flavus* Schrank）

棉蓟马，也称烟蓟马、葱蓟马，全国各棉区均有发生，可为害棉花、烟草、葱类、瓜类、十字花科蔬菜等多种作物。可通过药剂拌种（10%吡虫啉可湿性粉剂 60 g 拌棉种 1 kg）或种衣剂包衣（苗康 3 号、18.6%拌福乙种衣剂、27%吡福多悬浮种衣剂、60%吡虫啉（高巧）悬浮种衣剂等）防治苗期棉蓟马，且兼治棉蚜、棉叶螨、棉盲蝽。棉田 4 月下旬至 5 月上旬齐苗后，当百株虫量达到 5~10 头时应立即防治，可喷洒 10%吡虫啉可湿性粉剂 1 500 倍液，或 5%啶虫脒微乳剂 1 000 倍液，或 20%吡虫啉可溶性液剂

2 000 倍液，或 4%阿维·啶虫脒乳油 1 500 倍液，或 70%吡虫啉水分散粒剂 5 000 倍液，或 1.8%阿维菌素乳剂 3 000 倍液，或 20%丁硫克百威乳油 1 500 倍液，或 25%阿克泰水分散粒剂每亩 13~26g，或 40%毒死蜱乳油 1 000 倍液，或 10%氯氰菊酯乳油 2 000~3 000 倍液等。

3. 棉黑蚜（*Aphis atrata* Zhang）

棉黑蚜发生初期，可进行人工防治，拔除"中心"蚜株，避免其扩散为害。棉田点片发生时进行挑治，可选用 10%吡虫啉可湿性粉剂 150~300 g/hm²，或 10%啶虫脒可湿性粉剂 30~45 g/hm² 进行"点片挑治"，严禁大面积全田施药。

三、苗期草害及其防治

棉花苗期，即从棉花播种后到 5 月下旬出现第一个出草高峰，其间出土杂草占棉花全生育期杂草总数的 55%左右，主要有马唐、稗草、藜、扁秆蔍草、芦苇等。此时膜下杂草发生量大，生长速度较快，常将地膜拱起、拱破，降低采光保温、保湿效果，造成棉苗生长迟缓。

1. 中耕除草

中耕除草是棉田传统的除草方法，生长在作物田间的杂草通过机械中耕可及时去除。中耕除草针对性强、干净彻底、技术简单，不但可以防除杂草，而且为棉花提供了良好的生长条件。中耕适期是草越小越好，棉花头水后在宜墒期及时中耕。

2. 人工除草

在劳动力较充裕时，可结合田间作业如放苗、定苗等拔除膜上和行间杂草，并及时用土封洞，充分发挥地膜覆盖的灭草效果。特别是在中耕除草后或使用灭生性除草剂后，对靠近棉株的杂草更需要人工拔除。在棉田灌二水后，机械中耕无法进行，掌握适墒期，采取人工辅助拔除杂草也是防除杂草的有效措施。人工除草虽然费工、费时，但作为辅助措施还是十分必要的。

3. 茎叶喷雾处理

对于播种前未能及时封闭除草的田块，在杂草基本出齐，且仍处于幼苗期时定向喷施除草剂。若田间禾本科杂草发生较重，可用 6.9%精恶唑禾草灵（骠马、威霸）浓乳剂 750~1 050 mL/hm²，或 15%精吡氟禾草灵（精稳杀得）乳油 750~1 050 mL/hm²，或 5%精禾草克（精喹禾灵）乳油 750~1 050 mL/hm²，或 10.8%高效氟吡甲禾灵（高效盖草能）乳油 600~900 mL/hm² 进行茎叶处理；对于阔叶杂草、禾本科杂草和莎草混生的棉田，可用草甘膦等灭生性除草剂。当棉花株高达 30 cm 以上时，在棉花行间定向喷雾，注意应在无风或微风时使用，并配备安全保护罩，以防喷到棉花上产生药害。

4. 氟乐灵滴灌

在棉花苗期，杂草萌发较为旺盛，进行茎叶处理时可以同时进行土壤封闭处理，即在棉花灌头水时，用48%氟乐灵乳1 200~1 500 mL/hm² 滴灌。

5. 药剂涂抹防除恶性杂草

对于恶性杂草芦苇、田旋花、扁秆藨草等，可选用41%草甘膦异丙胺盐水剂（农达）涂抹杂草的绿色部分，草甘膦的内吸传导性强，对多年生杂草地下繁殖器官的破坏力很强，可达到明显的防除效果。

第四节　防灾减灾技术

新疆棉区早春气候不稳定，棉花苗期经常会发生低温、干旱、风沙等自然灾害，如管理不当，易出现弱苗、病苗、断头苗和死苗，影响棉花保全苗、育壮苗、促早发。

一、低温冷害

低温冷害是棉花苗期遭遇的主要灾害之一，指气温低于棉花对应生长阶段所需最低温度临界值以下，遭受0 ℃以上低温的危害，导致棉花直接或间接受害，造成棉花生育期延迟或减产的一种气象灾害。4月是棉花播种阶段，由于该阶段气温的波动性较大，使早播的棉花在播种出苗期间遭遇低温冷害的概率加大。不同苗龄不同生长阶段棉花抵御最低温度的临界值不同，抵御的时间也不同，例如子叶期临界低温为2.5 ℃，花芽分化期临界低温18~19 ℃。利用新疆不同棉区气象站1961—2022年气象数据，分析棉花苗期轻度、中度、重度低温冷害的时间和空间变化规律，结果表明，新疆棉花苗期低温冷害多发生于20世纪80—90年代，轻度和中度冷害发生年份分别占79.0%和37.1%，重度冷害发生年份占8.1%。棉花苗期低温冷害多发生于北疆棉区，其次是南疆棉区，东疆低温冷害发生最少。

苗期低温冷害主要导致棉花发育延迟、烂种、烂芽、烂根、僵苗不发（小老苗）、器官分化抑制、叶片和生长点呈水渍状青枯、子叶叶面出现乳白色斑块，甚至造成部分或全部死苗现象。

防灾减灾措施如下。

秋耕冬灌：冬灌不仅能够为病残体腐烂分解提供适宜的水分，还可以为次年的整地、播种、发芽等提供水分，提高出苗率。

选用早熟、耐低温的棉花品种。

科学确定播期：根据中长期天气预报，当膜下 5 cm 低温连续 3 d 大于 12 ℃时再播种，使种子发芽时避开低温天气，防止烂种烂芽。

采用双膜覆盖栽培：在低温多雨的天气可采用双膜覆盖技术，调节棉田温度。

提前采用杀菌剂、抗寒剂拌种或用种衣剂包衣等技术处理种子。

及时放苗炼苗：棉苗的抗冻能力与棉苗的适应锻炼有关。出土顶膜未放的棉苗抗冻能力最低，若当天晚上出现-0.5 ℃的低温持续 2 h，可致幼苗死亡；放苗后经过 1 d 以上的自然环境适应锻炼的棉花幼苗可忍耐 -3.9 ℃的低温 2 h，死亡率只有 1%~2%。

在无风的天气进行点火熏烟：在春季天气骤冷时，要关注天气预报，做好防冷害准备，可在棉田四周堆放干草树枝，在夜间气温降到 0 ℃前 1~2 h 进行点火熏烟，直到第 2 d 地温上升为止。

补种或重播：已受害的棉田，根据受害程度及时重播（烂种、死苗面积>40%）或人工（机械）补种。重播的棉苗易旺长，应进行适时化调，防止棉苗徒长。补种棉田应加强田间管理，充分发挥单株生产潜力；合理多留双株，多留 1~2 个果枝，增加棉花单株结铃数和铃重，以降低产量损失程度。

二、干旱

干旱是指降水量异常减少，造成空气极度干燥，土壤水分严重亏缺，地表径流和地下水量大幅度减少的现象。新疆绿洲农业区属于干旱地区，大气降水占新疆年平均降水的 20%，无法满足动植物需要。干旱是新疆棉区普遍发生的自然灾害，具有发生频繁、灾害范围广、灾害损失大等特点。1961—2020 年中国新疆地区气象数据显示，新疆地区不同季节尺度下干旱的演变差异性较大，春季，新疆大部分地区面临着较严重的干旱威胁，冬季，除南疆地区外，大部分地区旱情缓和。同时，1961—2013 年北疆地区干旱指数评估结果表明，西南、东北地区干旱发生程度高于东南地区，北疆地区干旱指数变化范围为 4.3~21.16，最干旱的地区在阿拉山口和达坂城一带，总体来说，干旱指数呈现由南向北逐渐减小的趋势。

苗期干旱使棉花地上部营养体变小、营养吸收前中期比例大、发育提早，同时，使绿叶面积、叶日积量减少、光合速率降低，光合物质生产能力下降，降低产量。

防灾减灾措施如下。

旱灾频繁发生的棉区，选用抗旱性强的品种。

坚持施用有机肥，提高土壤蓄水、保水能力。

南疆用秋灌的办法,减轻春灌用水紧张的矛盾;早春及时整地铺膜保墒,当温度升到播种要求时再播种。

北疆的机采棉区,机采后棉田及时翻耕整地保墒。

未进行冬、春灌的滴灌棉田,春播后及时安装滴灌管道,尽早滴出苗水。

常规畦灌棉田,灌水后及时浅中耕保墒。

三、风沙

风沙灾害是我国西北地区的一种常见且严重的自然灾害,是大风过程与地表物质及热力状况相互作用的结果。风灾主要发生在春季和夏季,是新疆棉区重要灾害之一。春季风害属于低温风沙害类型,对棉花生产威胁很大。新疆棉区每年4—5月常出现风沙天气,风力可达到8~10级,持续时间一般为半天到两天。1960—2020年气象数据显示,阿克苏、喀什地区风灾次数较多,强度最大,巴州重大风灾受灾次数最多,是风灾防范和灾后救助的重点地区;和田、吐鲁番风灾次数较多,强度较大,哈密强度较大,是风灾防范和灾后救助的次重点地区。

春季风沙常常造成棉叶受损,残缺、变焦或萎蔫等不良情况。同时,会造成棉花植株顶端位置的幼嫩部分被折断,导致棉花进行光合作用的器官受损或产生多头棉现象,造成棉花生长速度缓慢,影响棉花产量与品质,严重时可能造成棉花绝产。

防灾减灾措施如下。

平整土地:播种前应平整棉田土地,保持耕翻深度在30 cm左右,耙后的棉田土地保持平整细碎状态,清理棉田里残留的秸秆、杂草,尽可能保证播种过程中地膜与土壤紧密结合,最大限度避免出现大风掀膜的情况。

根据天气预报,适时开展播种工作:加强对棉花生产指挥者和棉农的气象灾害科普力度,提高全社会防灾减灾、应用气象科学技术意识,提高自身的防御能力。

灾后及时调查灾情,制定救灾措施:死苗率>50%,且能在现蕾期之前完成重播的棉田,应考虑用超宽膜重播原品种或改播早熟品种;棉苗死亡率在20%~50%的棉田,进行机械隔行补种;棉苗死亡率在10%~20%的棉田,进行人工零星补种;地膜被严重吹破的可揭膜重播,不严重的可人工补膜播种,播后立即滴水,以压沙、补墒。

中耕增温促早发:遭受风灾的棉田,地温低,风停后,应及时中耕,提高地温。黏土地应中耕两次,中耕深度14~16 cm。

加强水肥管理:早灌头水,促棉苗早发,尽快搭起丰产架子。灌水的原则是适当减少灌水量，增加灌水次数。受灾棉田由于前期生长量不够，要以促为主。前期施肥要以氮肥为主，后期以多元复混肥或磷钾肥为主。施肥方法应采取少量多次，同时叶面追肥3~4次。4~5叶期，亩用赤霉素20 mg/kg浓度的溶液40 kg加磷酸二氢钾100 g喷施。有脱肥趋势的棉田，要结合灌水补施尿素5 kg/亩，防止出现早衰。

合理化控：在合理的肥水运筹情况下，及时进行化控，受灾棉花在头水后3~5 d进行一次化控，用量视棉苗的长势而定，一般亩用缩节胺0.5~1 g。

四、雨害

新疆棉区虽降雨稀少，但春季降雨后，由于新疆土壤含盐量高，降雨常造成返盐，影响出苗和棉苗的生长。2010—2019年南疆暴雨时空分布结果表明，近10年来，暴雨日数总体呈缓慢增加趋势，且2010年出现暴雨日数最多，暴雨日数大值区主要分布在克州及山区，塔里木盆地边缘较少。

棉花播种后至苗期遇到降雨，常常给出苗和棉苗生长造成影响。出苗前降雨，播种孔上形成盐壳或形成圆柱形土块，阻止棉苗出土，影响全苗；子叶一二叶期降雨，也会在棉苗的幼茎周围形成包围幼茎的盐壳或土块，导致棉苗出现盐害或形成"卡脖子"苗，使棉苗生长受阻或死亡。

防灾减灾措施如下。

推广双膜覆盖技术：双膜覆盖技术不仅增温效果好；而且揭膜前有良好的防雨效果，可防止播种孔穴返盐。

控制覆土厚度：播种时，膜上覆土厚度控制在0.5~1.0 cm。

中耕除草：出苗期，雨后及时破碱壳、破"瓶塞"。苗期，雨后及时中耕松土，破除板结，清除杂草。

及时分类追肥：未现蕾的棉田以氮肥为主，促棉苗快速转化升级；缺硼棉田，及时喷施硼肥（如0.2%速乐硼2~3次）。

防虫害：雨后可用2%甲氨基阿维菌素苯甲酸盐或5%氟虫腈悬浮剂防治盲蝽象。

五、冰雹

冰雹是新疆主要灾害性天气之一，具有明显的地域性和突发性。新疆冰雹灾害总体以一般风险和低风险为主，高风险次之，极高风险最少。虽然持续时间很短，但常常给棉花生产造成巨大损失。1961—2020年新疆气象数据显示，阿克苏地区雹灾频次最多、受灾面积及经济损失最大，每年平均发生雹灾6~7次，约34.5万亩农田受雹灾，是雹灾重点防御地区；喀什、塔城、伊犁、博州、石河子等地因雹灾频次较多，受灾面积及经济损失较大，为次重点防御地区，重大雹灾平均2年发生一次。雹灾主要集中在4—9月，其中，6月雹灾发生频次最多，5月受灾面积最多，7月经济损失值最大。

苗期雹灾后叶片撕裂破碎，子叶节有黄褐色伤斑或折断，生长点被打伤或被打断。陈冠文等根据叶片和主茎（含子叶节）受伤程度将苗期雹灾分为4级：1级，叶片基本完好，主茎受伤很轻；2级，叶片部分破碎或脱落，主茎（含子叶节）上有明显的伤点；3级，子叶基本脱落，真叶叶尖或叶缘萎缩，主茎（含子叶节）上伤点较深，表皮有轻度皱缩；4级，子叶节折断或多处受伤，伤口处干皱凹陷，真叶青枯。

防灾减灾措施如下。

抢时重播或补种：棉花苗期雹灾危害达到3~4级的棉苗比例大于80%的棉田，要及时排水散墒，抢时重播；雹灾危害达到3~4级的棉苗比例达到50%~80%，及时逐行错行补种；雹灾危害达到3~4级的棉苗比例达到30%~50%，及时隔行补种；雹灾危害达到3~4级的棉苗比例达到小于30%，及时零星补种。

水、肥管理：棉花在受灾后比正常棉田管理难度大，既要加强肥水管理，同时又要防止大水大肥导致棉花旺长。一般在棉花受灾后喷施叶面肥+尿素（100 g/亩）1~3次，让棉株尽快恢复生长，多发新枝嫩叶。棉株现蕾后要注意"稳氮控水"，增加钾肥投入，适当推迟灌头水，灌水量以正常棉田的50%~60%为宜。雹灾后的旺、壮苗棉田，应推迟到见花前后再酌情浇头水，以促进营养生长向生殖生长转化。

及时整枝：受雹灾棉花大多数形成多头棉，枝、叶茂密，若不及时整枝，会影响棉田的通风透光，结的铃少、铃小。所以，棉花现蕾后要及时整枝，有主茎的保留主茎，无主茎的视侧枝蕾、花数保留2~3个侧枝，其余的去除，剪去空枝，抹除赘芽。当果枝达到6~8台时，及时打顶，并整去伸向大行中间的群尖，以保证大行通风透光。

加强化学调控：这是雹灾棉田管理的关键。棉花恢复生长后第一次化调，亩用缩节胺0.3~0.5 g，7~10 d后，第二次亩用缩节胺0.8~1.2 g，可有效控制赘芽的发生和侧枝的伸长，促进棉株早现蕾、多现蕾、现大蕾。6~7叶期，亩用缩节胺1.5~2.0 g。

及时防治病虫害：受灾后的棉田棉花枝叶幼嫩，较容易发生病虫害。因此，要加强棉蚜和棉铃虫等害虫的监测和调查工作。在防治上坚持以生物防治、农业防治和物理防治为主，以化学防治为辅的原则，有效保护和利用好天敌，把棉铃虫为害控制到最低程度。

六、霜冻

霜冻是新疆常见的气象灾害，特别是北疆棉花主要灾害。春季霜冻是 4 月下旬出现的低温强度较大的霜冻，对棉花的早播、早发、全苗、壮苗影响较大。新疆霜冻的分布呈现"南疆早，北疆晚；平原和盆地早，山区晚"的特征。

不同程度霜冻对棉苗危害存在差异。重度霜冻时会造成大面积棉苗冻伤，死亡；轻—中等霜冻会造成子叶期幼苗叶面上出现乳白色斑块。真叶分化期遇到 0 ℃左右的霜冻，叶面皱缩不平，有的叶片背面较均匀的针孔，孔呈漏斗形，但不穿透叶面。

防灾减灾措施如下。

选用早熟耐低温品种。

种子包衣：用杀菌剂、抗寒剂拌种或用含有杀菌剂的种子包衣剂进行包衣，常用的种衣剂有福多甲，拌种剂有多菌灵、拌种双等。

采用双膜覆盖技术。

科学确定播期：根据中长期天气预报，一是选在冷尾暖头，并尽可能在终霜期前 7 d 内播种，使种子发芽到下胚轴生长时期，避开低温天气。

及时放苗炼苗。

点火熏烟：在霜冻来临前 1~2 d 可采用点火熏烟来增加温度。

补种或重播：科学判断，及时补种，加强受冻棉花管理，不宜轻易重播。

第四章

"宽早优"棉花蕾期管理技术

第一节 肥水管理

棉花从现蕾到开花这段时间称为花蕾期（蕾期），一般从6月上中旬至7月上中旬，历程25~30 d。促进平衡、增蕾稳长、防止幼蕾脱落是花蕾期的主攻方向。棉花蕾期前气温处于上升阶段，棉株也处于生长发育时期，此时温度是制约棉株生长、叶面积扩大的主要因素。因此，在足墒播种或滴水出苗保证棉苗健壮生长的前提下，直至盛蕾期控制灌水，以促进地温提升，实现壮根、健株、扩大光合面积、为开花结铃奠定基础的目的。结合宽膜覆盖、苗孔减压土、膜面免压土提高地温的同时，进行裸地行中耕，促进保墒增温，以达到"控制灌水"而满足棉株需水的目的。对盐碱重、有僵苗的棉田采取肥水滴促，滴施硝钠萘乙酸制剂150 mL/hm^2，或黄腐酸7.5 kg/hm^2+尿素15~30 kg/hm^2，以增加棉苗的抗逆能力，减少棉苗死亡，促使弱苗转壮苗、小苗赶大苗，达到壮苗早发。

一、棉花蕾期生长规律与施肥原则

（一）棉花生长和需肥规律

棉花现蕾以后，棉株进入营养生长和生殖生长并进的时期，但仍以营养生长为主。由于气温升高，生长加速，根系逐步扩大，吸收养分的能力由逐渐增强到显著增加，棉株吸收养分的量和强度仅次于花铃期。蕾期棉株需肥量倍增，占总需肥量的20%~30%，氮、磷、钾吸收量分别占全生育期总量的28%~30%、25%~29%、28%~32%。

蕾期气温升高，雨量适宜，土壤微生物活动旺盛，养分释放快，加上根系入土逐步加深，棉花吸收养分增加。此期由于叶面积逐渐增长，碳的代谢达到最高峰，这时氮素如供应过多，碳水化合物会过多地用于合成氮化合物，促进营养器官过度增长，常会引起棉株徒长，增加蕾铃脱落。因此，棉花施肥要与化学调控相结合。

棉花氮营养临界期在现蕾初期，此时缺氮，棉株生长矮小，果枝短，棉蕾易脱落；氮素适宜，果枝伸展，现蕾多，为中后期增加铃数和铃重奠定基础；氮素过多，易造成茎叶徒长，花蕾脱落，严重影响棉花的产量和品质。氮素营养的最大效率期在盛花始铃期，此期是棉花对氮素吸收最多的时期，所吸收的氮素可使其发挥最大生产潜力。现蕾初期和盛花始铃期是棉花整个生育期中两个关键性的营养期，此时保证氮素营养的供应对提高产量具有重要意义。棉花营养吸收的各个阶段是相互联系、彼此影响的，一个阶段营养的好坏，必然会影响下一阶段的生长发育与施肥效果。因此，既要注意关键时期的施肥，又要考虑各个阶段的营养特点，根据棉花各时期的生育状况，采用氮肥基施和不同时期追施相结合，因地制宜地制订施肥方案，以满足棉花各生育时期对氮素养分的需求。根据我国多年的试验研究结果及生产经验，棉花氮肥施用原则是：足施基肥、轻施苗肥、稳施蕾肥、重施花铃肥、补施盖顶肥，基肥和花铃肥必须施用，苗肥、蕾肥和盖顶肥可视前期氮肥施用情况和当时的生育状况灵活掌握。

总之，棉花现蕾期是水肥管理的关键时期，棉花生长较快，对营养的需求也大，是产量形成的关键时期，此阶段水肥既要满足棉花发棵、搭丰产架子的需要，又要防止施肥不当造成棉株徒长。滴灌条件下，根系分布受限于滴头下的土壤湿润范围，如果土壤湿润范围过小，根系会集中在较小的范围内，就会制约有机肥的释放和根系对养分的吸收；如果湿润范围过大，不但增加了水分的土面蒸发损失，而且可能造成水分和养分的深层渗漏，并造成土壤短时缺氧，在一定范围内，增加灌水或者施肥可以促进棉花生长，提高产量，但是过量的水肥会导致棉花茎、叶等营养器官的旺盛生长，不利于产量的提高。因此，蕾期棉花的水肥调控与棉花产量和品质的形成有重要联系。

（二）棉花施肥原则

1. 选用优质滴灌专用肥

滴灌专用肥是一种水溶性肥料。它是水肥一体化技术的载体，是实现水肥一体化和节水农业的关键。水溶性肥料是一种可以完全溶解于水的多元复合肥料，能够迅速溶解于水中，更容易被作物吸收利用。它不仅可以含有作物所需的氮、磷、钾等全部营养元素，还可以含有腐植酸、氨基酸、海藻酸、植物生长调节剂等。水溶性肥料主要包括滴灌肥、冲施肥、叶面肥等。滴灌肥与冲施肥相比，水不溶性杂质含量更低。功能型水溶性肥料是营养元素和生物活性物质、农药等一些有益物质混配而成，满足作物的特需性，可以刺激作物生长，改良作物品质，防治病虫害等。

根据新疆大田生产的要求，滴灌专用肥必须具有以下特点：一是新疆土壤多呈碱性，这就要求滴灌专用肥首先应为酸性肥料，其 pH 值应小于 6.0，减少水及土壤中碱性物质对肥效的影响。二是滴灌专用肥应具有与各种中性、酸性农药、植物生长调节剂混用等性质。三是滴灌专用肥必须水溶性好（≥99.5%），含杂质及有害离子（如钙、镁等）少，各营养元素间无拮抗现象，防止滴头堵塞造成农田肥水不匀及肥效降低。四是滴灌专用肥养分配比可根据作物营养诊断和测土结果进行灵活调整，并可根据需要添加中量、微量元素，为作物供给全价营养。

2. 选择合理叶面肥种类和配比

把肥料配成一定浓度的稀释溶液，喷施在棉花叶片上的施肥方法，称为叶面施肥或根外施肥。其主要调控作用是调节棉花苗蕾期对养分的需求，补充由于棉花苗期根系吸收养分较弱而造成棉株体内养分的不足，促进棉花早期生长发育，为棉花优质高产打下基础。一般从苗期开始，共喷施 4 次，间隔 7 d 左右 1 次。用作叶面喷施的肥料有尿素、磷酸二氢钾和有机络合微肥，苗期 4 次喷施，第 1 次分别为 3 kg/hm^2、1.5 kg/hm^2、1.5 kg/hm^2；第 2 次分别为 3.75 kg/hm^2、2.25 kg/hm^2、2.25 kg/hm^2；第 3 次分别为 4.5 kg/hm^2、3 kg/hm^2、3 kg/hm^2；第 4 次分别为 6 kg/hm^2、3.75 kg/hm^2、3.75 kg/hm^2。

二、棉花蕾期水肥管理

（一）棉花蕾期灌溉管理

蕾期棉株生长速度加大，耗水量也不断增加，仍以地面蒸发为主，为叶面蒸腾量的 1 倍左右。蕾期灌水，必须注意"稳长、增蕾"，蕾期土壤田间持水量 60%~70% 为宜，过少抑制发棵，延迟现蕾，过多引起棉株徒长。

一般 6 月中旬滴头水，以少为原则。如遇低温天气时要适时早灌头水，坚持轻灌、勤灌，尽量避免因旱减产；土壤含水量低时，水分低于适宜土壤水分下限、土壤出现旱象时，应提前至 6 月中上旬；相反，土壤含水量较高、叶色浓绿，棉花生长旺盛或正常，仍应继续"蹲苗"而不灌水，或推迟灌水棉田可推迟到 6 月底或 7 月初，灌水量在 800~1 050 m^3/hm^2。播前秋冬灌，即墒情正常的棉田，根据苗情和墒情，在 6 月上旬末到中旬实施第 1 次滴灌，滴灌量为 225 m^3/hm^2，7~10 d 后滴第 2 次，滴灌量为 225~300 m^3/hm^2。

（二）棉花蕾期施肥管理

在出苗—现蕾期间，气温低，棉花植株小、生长慢、吸收养分较少，但对营养反应敏感。施肥应以氮为主，少磷钾，主要促进茎、叶和根的生长。按全生育期氮、磷、钾为100%计，苗期吸收氮占5%、磷占3%、钾占2%。

蕾期不同类型棉田的调控措施不同。蕾期共随滴灌施肥1~2次，施肥比例占总施肥量的20%~30%，视棉花生长情况，亩追施尿素2~3 kg，也可追施2~3 kg的磷酸二钾。对于低产、长势慢而弱的棉田，追施尿素3~4 kg，以促进棉花生长，搭好丰产架子。对旺长肥力高棉田，应适当降低施肥量，做到蕾施花用，保证稳长。

第二节 化学调控

一、蕾期缩节胺化控原则

棉花蕾期是指现蕾—开花的这段时期，是棉花营养生长与生殖生长并进时期，一般为20~30 d。此时期"宽早优"棉花生长加快，光合速率、呼吸消耗等加大，既发棵又现蕾，对水肥需求量逐渐加大。管理上主要以水肥调控为主，减少化控促早发早熟，促进棉株稳健生长，根系发达，打好丰产基础。

二、蕾期缩节胺化控技术

"宽早优"棉田棉苗生长稳健时无须缩节胺化控。蕾期稳健生长的棉花主要表现如下：6月1—5日现蕾，叶片6~8叶，棉株上下窄，中间宽，叶色亮绿，顶心舒展，株高25 cm左右，日生长量1~1.2 cm，正常现蕾；6月5—10日达盛蕾期，叶片9~11叶，棉田叶色深绿，株高40 cm左右，日生长量1.5~1.7 cm，主茎节间长度5~7 cm，蕾上叶数为0，蕾大而壮，果枝4个；6月中旬开始开花，叶色深绿，茎秆健壮，行间缝隙10~20 cm，通风透光好。

若现蕾期（6~8叶期时），棉株顶心深陷，叶色浓绿，叶片肥大，茎秆粗壮、嫩绿、含水量高，现蕾迟，则棉苗旺长，需要每亩喷施缩节胺1~1.5 g，以协调营养生长与生殖生长。若盛蕾期（9~11叶期），"宽早优"棉田呈现出叶片肥大、浓绿、生长点下陷、蕾小而少、主茎节间长7 cm以上时，则棉花生长过旺，需每亩喷施缩节胺1~2 g。若蕾期棉田呈现棉株瘦高，茎秆细弱，叶片薄而小，叶色偏淡，棉花现蕾少、蕾小、顶心上窜，则棉苗生长过弱，需要提前进头水及肥料，以促进棉花生长。

第三节 病虫草害防治

一、病虫草害防治特点

棉花蕾期各种病虫害开始混合发生危害。棉花蕾期主要的病害有棉花枯萎病和黄萎病，两者均为土壤带菌的病害，属系统侵染的维管束病害，至今尚缺乏有效药剂，一旦发生，难以根除。因此，应采取加强植物检疫、种植抗病品种和加强栽培管理、改善土壤环境及诱导棉株抗病性相结合的综合防控策略。棉花蕾期正值二代棉铃虫发生为害期。由于目前种植的均为抗虫棉，对二代棉铃虫抗性较好，一般不必用药进行防治。因此，这段时间要注意刺吸式口器的害虫如棉叶螨、棉蚜、棉盲蝽等的发生为害，若防治不力，常引起蕾、花大量脱落，影响成铃与棉花产量。

二、蕾期病虫草害防治关键技术

（一）病害

1. 棉花枯萎病

棉花枯萎病的高发期是在棉花现蕾前后，一般在6月中下旬，若此时降水量大，有利于枯萎病的大面积流行，因此在6月上旬应该用药防治。一般杀菌剂农药有多菌灵、甲基硫菌灵、56%醚菌酯·百菌清、41%聚砹·嘧霉胺、克黄枯、20%硅唑·咪鲜胺等，并加磷酸二氢钾、硼锌肥、棉宝等植物生长调节剂，每次喷药间隔5~7 d，连喷2~3遍。重病地块用40%氟硅唑（菌绝）灌根或用38%恶霜嘧酮菌酯600倍液或30%甲霜·恶霉灵800倍液或12.5%速效治萎灵兑水50倍，穴施，苗期或发病初期灌根。

2. 棉花黄萎病

棉花黄萎病的高发期是在花铃期，一般在7月下旬至8月上旬，因此在6月中旬就应该用药防治，若之前有大雨，雨后应立即进行防治。防治方法同枯萎病。同时，从6月底开始，每7~10 d可喷施叶面抗病诱导剂，例如威棉1号、99植保、活力素等300~500倍液，也可加磷酸二氢钾800~1 000倍液。8月中旬以后，还应继续喷施叶面抗病活性剂2~3遍。

（二）虫害

1. 棉蚜（*Aphis gossypii* Glove）

棉蚜点片发生时用内吸剂涂茎（10倍液）或滴心（100倍液）进行防治，当棉苗三叶期前卷叶率达10%，四叶期后卷叶率达20%时，立即用药防治棉花苗蚜,可选用10%吡虫啉可湿性粉剂150~300 g/hm^2,或10%啶虫脒可湿性粉剂30~45 g/hm^{2}进行点片挑治。严禁大面积全田施药,避免长期使用单一农药。

若田间棉长管蚜(*Acyrthosiphom gossypii*)发生较重,亦可采取上述防治措施。

2. 棉叶螨

棉叶螨也称棉红蜘蛛,全国各棉区均有发生,新疆棉区发生的主要种类有土耳其斯坦叶螨(*Tetranychus turkestani*)、朱砂叶螨(*Tetranychus cinnatarinus* Boisduval)、截型叶螨(*Tetranychus truncatus*)、敦煌叶螨(*Tetranychus dunhuangensis*)。

早春棉叶螨还未迁入棉田时,应及时调查田边地头杂草上棉叶螨的发生情况,视虫情在棉田四周喷洒农药(杀螨剂),形成保护带,避免扩散。棉田及时调查螨情,点片发生时,采取点片挑治,连片发生时,选择专性杀螨剂进行全田药剂喷雾防治。选用73%炔螨特乳油1 000~1 500倍液,或1.8%阿维菌素乳油3 000~4 000倍液,或10%浏阳霉素乳油1 000倍液,或20%四螨嗪悬浮剂2 000倍液,或15%哒螨灵可湿性粉剂2 500倍液等单用,也可两种药剂混用,如阿维菌素+哒螨灵、阿维菌素+四螨嗪等。施药应在露水干后或傍晚时均匀喷洒到叶片背面,不漏喷有螨株和叶片。为害严重时,间隔5~7 d再喷1次,防治效果更理想。

(三)草害

1. 农业防治

中耕除草和人工除草也是蕾期重要的杂草防除措施。对于生长在棉花行间的杂草采用机械较难防除,需进行人工拔除。

2. 化学防治

部分棉田,前期未能及时使用除草剂或除草效果不好时,在棉花生长中后期遇雨季杂草大量发生,生产上应及时进行茎叶喷雾处理。对一年生禾本科杂草(处于3~5叶期),可以选用10.8%高效盖草能乳油750~1 050 mL/hm^2,或15%精稳杀得乳油750 mL/hm^2,或4%喹禾糠酯(喷特)900~1 200 mL/hm^2,或5%精喹禾灵乳油750~1 125 mL/hm^2,兑水30~40 kg进行茎叶喷雾处理;对多年生禾本科杂草(当3叶1心或高度小于30 cm时),用4%喹禾糠酯(喷特)2 250~3 000 mL/hm^2,兑水40~60 kg进行茎叶处理;对于芦苇、扁秆藨草、花花柴和骆驼刺等多年生杂草,当杂草植株较大时,使用化学除草剂进行喷雾处理的效果不好,此时,可以采用草甘膦涂抹法,即在木棍头上缠上一块毛巾、布条等,将草甘膦兑水,浓度适当加大,直接涂抹在杂草植株上。

第四节　防灾减灾技术

一、低温冷害

蕾期是棉花开始现蕾到开花的时期，此期棉花的营养生长和生殖生长都很旺盛，需要充足的光照和较高的温度。蕾期遭遇连阴雨天气，受光照少和温度低的影响，造成棉花开花现蕾推迟，严重时推迟 1 周左右，蕾、花脱落加重，病虫害发生概率增加，甚至造成棉花植株死亡，产量降低，纤维品质下降。

防灾减灾措施如下。

选用对本棉区异常热量条件具有较强适应性的早熟品种。

采用中耕、适当推迟头水灌溉时间等方式提升地温，促进棉花壮苗壮根早发。

二、高温

新疆位于中国西北地区，近年来极端高温事件频发，特别是进入 21 世纪后夏季高温（日最高温度>35 ℃）日数明显增加。2015 年 7 月新疆出现了罕见的高温事件，全疆 105 个国家站中 89 个站出现高温，55 个站高温持续日数居历史第 1 位，23 个站极端最高气温居历史第 1 位。同时，根据 1981—2019 年 6—8 月新疆区域性高温发生次数可知，高温主要发生在伊犁河谷平原地区、北疆准噶尔盆地南缘、南疆塔里木盆地、东疆平原地区，其中，北疆准噶尔盆地南缘、南疆塔里木盆地、东疆平原地区高温发生次数超过 80 次；伊犁州山区、阿勒泰地区、克州山区大部高温发生次数约 30 次。

棉花虽然是喜温作物，但当气温高于 35 ℃以上时，棉花生长也会受到抑制。在气温达到 35 ℃以上时，棉花常常出现花粉生活力减少、蕾铃大量脱落，出现中空、上空现象；气温达到 40 ℃以上时，棉花就会停止生长。高温作用时间越长，棉花在气温恢复正常后，自身恢复生长所需时间就越长。如果高温气候作用时间过长，将使棉花细胞遭受伤害而出现死亡；温度太高还会加快棉花叶片衰老，造成严重减产。

防灾减灾措施如下。

在常出现高温热害的棉区种植耐热棉花品种。

及时灌水：尽可能满足棉花生长对水分的需求，避免因热害而导致棉花发生脱水萎蔫、青枯。

充分灌溉的同时喷洒化学防蒸剂，如腐植酸等物质，减少棉花自身水分蒸发。

三、干旱

棉花从蕾期—初花期这一阶段如遇干旱，棉株常出现叶色灰绿，中午发生萎蔫，傍晚难以恢复正常；棉花心叶部分卷曲呈"疙瘩"状，2~3个大蕾紧密包围在棉花顶心周围，致使棉花顶心难以随太阳进行转动；开花比正常棉株状态早而快。盛蕾期、初花期是棉株营养生长旺盛时期，缺水对棉花营养生长影响最大，棉花受旱导致单株成铃数减少进而造成棉花减产。

防灾减灾措施如下。

选用抗旱品种。

加强农田水利建设，坚持施用有机肥，提高土壤蓄水、保水的能力。

水源充足时，及时进行灌水。按照苗情科学安排棉花灌水先后顺序，沙壤土优先，黏土在后；弱苗优先，旺苗在后。

水源不足时，使用抗旱剂，例如叶面喷施"旱地龙"等抗旱剂，减少棉株的蒸腾量，促进棉花根系发育，减轻棉花的受旱程度和旱情对产量的影响。

四、冰雹

棉花蕾期阶段遭遇冰雹，雹灾后主茎部分折断，叶片部分破碎，更有甚者叶片完全脱落，整个棉株出现"光秆"。蕾期雹灾可分为2级：1级，部分主茎被打断，叶片被打破，但果枝和蕾保留较多且较完好的棉田。2级，大部分棉株被打成"光秆"，造成绝产或严重减产的棉田。

防灾减灾措施如下。

及时扶苗：由于雹灾常伴有暴风雨，灾后棉花不仅有严重的机械损伤外，还常发生倒伏和田间积水现象。因此应及时扶苗，排水降渍，改善棉田环境条件，促进根系生长。

适当早灌头水、早追肥。断头株新发枝条现蕾后，施用叶面肥（尿素200 g/亩+磷酸二氢钾150 g/亩），加快花蕾的发育。

因地、因苗"早、勤、偏重化调"。受灾后恢复生长的棉花，结铃晚、结铃期短，晚桃偏多的棉田，吐絮期可用40%乙烯利叶面喷施催熟。

及时整枝。断头株根据新枝发生情况，主茎仅断头的，以保留现有果枝为主，充分利用其第二果节成铃来弥补果枝台数的不足；主茎折断位较低的，每株留2~3条新发枝（雹灾发生早的保留2条，雹灾发生晚的保留3条）。留枝原则"去上留下，去小留大，去新留老"。整枝时间是从新枝条3

叶期开始。

适时打顶、去群尖。新枝条开花3~4朵时开始打顶，根据苗情适时打群尖。

加强病虫害的综合防治。雹灾棉花恢复生长初期，叶小芽嫩，最怕棉蚜为害。新芽受棉蚜为害，不仅生长迟缓，甚至造成死芽、死株，灾后必须及时防治棉蚜为害。灾后棉花生育期推迟，晚发嫩旺，中后期棉铃虫和棉盲蝽发生为害较严重，要及时调查虫情，严格掌握防治指标，采取有效措施，保证防治效果。

受灾重的棉田，南疆棉区可重播特早熟棉花品种，其他棉区可改播其他作物，如复播玉米、饲料玉米、早熟油葵和黄豆等。

五、干热风害

夏秋季的风害属于高温干旱的干热风类型，可使植株体内的水分快速蒸发，导致棉花枯死。新疆是中国干热风危害严重的地区之一，新疆干热风类型分高温低湿型、大风低湿型和高温窝风型3类。高温低湿型干热风发生时，表现为急剧地增温降湿，之后又维持较长时间的高温低湿天气，特点是高温、低湿，风速不一定大，如遇较大风速，则会加重危害。大风低湿型干热风以风速大、湿度低为特点，这类干热风多发生在风口和多大风地带的春、夏转换季节，具有焚风性质，危害严重。高温窝风型干热风以高温为主，风速不大，多发生在地势较低和郁闭的地方。对新疆来说，南疆地区发生干热风最为频繁，年平均5~10 d，东疆和吐鲁番盆地干热风年平均日数在10 d以上，近年来干热风在北疆也常发生，年平均不足5 d，新疆东部干热风天气多于西部。由于干热风温度高、湿度小，使棉株的蒸腾急速增大，体内水分快速散失，导致棉花枯死，对棉花生产影响很大。干热风造成棉花花粉活力降低、蕾铃大量脱落、出现干铃，降低棉花产量与品质。

防灾减灾措施如下。

建设农田防护林网，改善农区生态环境。

施肥：高温期间肥料按少量多施的原则进行，肥料过多易加剧高温和干热风的危害。

灌水降温：干热风来临前，适时通过灌水改善田间小气候，降低棉田群体内的温度。也可采用喷灌或喷雾器，将水直接喷洒在棉花茎叶部位。高温期间，滴灌棉田采用"少量多次"方法，沟灌棉田采用灌"跑马水"的方法，可将危害降到最低程度。

防治棉花虫害：棉叶螨大发生的棉田可选用阿维菌素、尼素朗、螨克等进行防治。

及时整枝、打顶、打群尖：受灾棉田打顶工作与正常棉田的打顶时间同步，不能人为推迟打顶时间，发育快的棉田还可提早一点，坚持时到不等枝，只有5~6台果枝，也要坚持及时打顶，一般在7月5—10日打顶结束。打顶后，应及时对叶枝进行打群尖，避免无效花蕾的萌生，影响棉花早开花、结铃。

第五章

"宽早优"棉花花铃期管理技术

第一节 肥水管理

棉花进入花铃期后,对肥料的需求处于最旺盛的阶段,开花盛期到吐絮期是养分吸收达到一生中的高峰。棉花从初花到盛花再到吐絮期间,一旦肥水不够则容易造成蕾铃过多脱落,后期产生棉花早衰现象,从而降低棉花的产量和品质,因此,花铃期的肥水管理至关重要,必须高度重视。一般情况下,应在见花期或初花期重施花铃肥,对于前期施肥多、棉花长势旺的棉田,可适当推迟到出现1~2个成铃时追施。由于养分吸收强度、养分元素之间的比例关系、养分吸收持续时间长短及其峰值高低与产量的关系十分密切,故这一时期是营养效率最高的时期。为了满足棉花营养生长和生殖生长的养分需要,棉花生产十分强调重施花铃肥、饱浇花铃水,多结铃促高产。棉花到盛蕾期后,温度光照进入高值阶段,棉株逐步进入大生长期,将迅速搭建丰产架子,需水量(包括需肥量)剧增,以满足开花结铃的需要。此阶段的水分调控,以"饱"和"全"为主。"饱"是要使土壤田间持水量达到70%~80%,满足花铃期供水模系数50%~65%的需要,以此保证叶面积指数达到适宜的最高值,提高光合效率;"全"是要使棉田以水为主导(主要是水肥一体化),足以使棉株健壮生长贯穿温光高值期的"全"阶段,从而实现多结铃、结大铃、高产优质的目标。

一、棉花花铃期肥水需求规律及施用原则

(一)棉花生长和需肥规律

棉花不同生育时期对土壤适宜含水量的要求不同。棉花到花铃期生长旺盛,温度高,耗水量最多;吐絮后,棉株生长衰退,温度较低,耗水量又减少。棉花在花铃期需水量达到最高,日需水量强度也最高,该阶段需水量占

整个生育期需水量的50%~65%。花铃期是棉花需水最多的时期,土壤水分以田间持水量的70%~80%为宜,过少会引起早衰,过多棉株徒长,增加蕾铃脱落。吐絮后,土壤水分以田间持水量的55%~60%为宜,利于秋桃发育,增加铃重,促进早熟和防止烂铃。

棉花植株花铃期对磷的吸收比例比前期有所提高,钾的比例开始下降;吐絮期磷吸收比例进一步提高,钾的比例继续下降。棉花花铃期一般50~60 d,又可分为初花期和盛花期。初花期到盛花期是营养生长和生殖生长两旺的时期,是生长最快的时期,体内碳、氮代谢都很旺盛,吸收强度也最大;进入盛花期,棉株营养生长逐渐转慢,生殖生长逐渐占优势,营养物质的分配转为以供应棉铃生长为主。花铃期历时最长,吸收的养分也最多,氮、磷、钾吸收量分别占全生育期总量的60%~62%、64%~67%、62%~63%。氮、磷、钾吸收高峰期均处于开花期前后至盛花结铃期,最大吸收速率出现在盛花期。

花铃期需肥量达到高峰,占总需肥量的60%以上,其中,开花至盛花的20 d左右需氮量达到高峰,氮(N)、磷(P_2O_5)、钾(K_2O)吸收量分别占全生育期吸收量的40%~56%、24%、36%,盛花至吐絮的30 d左右需磷、钾量达到高峰,氮(N)、磷(P_2O_5)、钾(K_2O)吸收量分别占全生育期吸收量的32%、51%、42%;后期(吐絮至收获,约60 d左右)需肥量减少,占总需肥量的10%,氮(N)、磷(P_2O_5)、钾(K_2O)吸收量分别占全生育期吸收量的5%、14%、11%。据此,需肥高峰前应施足肥料,满足植株此生育阶段的养分需求。

(二) 棉花水肥施用原则

根据新疆棉花生长发育规律特点,灌溉应遵循量少、多次、保持土壤湿润的原则。花铃水必须保障及时、充足灌溉,否则引起早衰、脱落,降低产量和品质。适时停水极为重要,停水过早,易引起早衰;停水过晚,易引起贪青晚熟、烂铃等。非滴灌棉田,全生育期根据土壤情况总灌水3~5次,灌水量200~300 m^3/亩。

花铃期棉花需水达高峰,阶段需水量占总需水量的一半以上,水分耗损以叶面蒸腾为主。棉花花铃期植株生长旺盛,温度高,耗水量最多,土壤水分以田间持水量的70%~80%为宜,过少会引起早衰,过多棉株徒长,低于60%时急需灌溉。棉株铃后期生长需水骤降,仍以叶面蒸腾为主,需水强度与蕾期相近似。棉花吐絮后,棉株生长衰退,温度较低,耗水量又减少。土壤水分以田间持水量的55%~60%为宜,利于秋桃发育,增加铃重,促进早熟和防止烂铃。

吐絮后期控水减量,促早熟优质。盛铃期过后,棉铃趋于成熟吐絮,棉株生长势逐步衰退，所需水量逐步减少。此阶段的水分调控，应保证棉株不早衰、不旺长，棉铃集中成熟吐絮、优质高产为原则。这个时期以保持田间持水量的55%~70%为宜。吐絮初期如土壤缺水（土壤水分相当于田间持水量的55%），仍应坚持灌水，以防止叶片过早枯黄，减少有效叶面积系数而降低光合效率，要确保种子和纤维的发育，从而增加铃重和衣分，提高产量和品质。但土壤水分高于田间持水量的70%，又会延长吐絮期，霜后花明显增多，降低棉花品质；而且，由于土壤湿度高，导致枝叶过旺生长，棵间湿度大，也会导致大量烂铃或僵桃，降低产量和品质。

棉花停水期对棉花后期生长、提高铃重和霜前花等极为重要。停水期一般南疆应在9月上旬，北疆在8月下旬或9月初（沙土棉田）停水，并在停水前5~7 d停肥。停水不宜过早，也不宜过晚。停水过早易引起早衰、干铃、脱落；停水过晚，易引起贪青晚熟。

二、棉花花铃期水肥管理

（一）棉花花铃期灌溉

对于滴灌棉田，花铃期灌水周期为6~8 d，7月要求滴灌4次，每周1次，每次滴灌量25~35 m^3/亩。盛铃期以后灌水周期为9~11 d，8月每10 d 1次，共滴3次，每次滴灌量25 m^3/亩左右。

对于非滴灌棉田，花铃期一般灌溉2~3次，具体依土壤、气候、土壤（相对含水量以70%~80%为宜，<60%需灌溉）、地下水位、当年雨水等情况而定，时间间隔15~20 d灌溉1次，7月中下旬至8月中旬的灌溉量要大，该时期灌溉定额为65~80 m^3/亩。吐絮期灌溉吐絮初期如遇干旱或土壤水分不足仍应适量灌溉，以防棉株早衰，但灌水量不可过大，以防贪青晚熟，灌水定额一般为30~50 m^3/亩。

（二）棉花花铃期施肥

花铃肥应重施，为了防止棉花早衰，花铃期一定要保证追肥的数量和质量。花铃期保障3~4次追肥，适当增加追肥数量，以速效氮肥尿素为主。一般中高产棉田每亩施尿素15~25 kg。花铃肥管理强调保障、重施、及时，花铃期棉田易出现早衰现象，对于早衰棉田应根据早衰类型，补施叶面肥。中后期不宜过早停肥，每亩追施尿素5~10 kg。同时，注意补施盖顶肥，根据棉花长势，以叶面喷施为主，用0.3%磷酸二氢钾和1%尿素混合液，叶面喷施，连喷2~3次，每次间隔7~10 d，既可起到增铃重、提高衣分和品质的效果，又能防止早衰。棉花花铃期具体施肥量如下。

第2~5水：（6月25日至8月5日），每亩施用尿素3~6 kg、磷酸一铵2~4 kg、硫酸钾1~3 kg；其中第3水每亩加硼肥和锌肥各0.5 kg。

第6~8水：（8月5—25日）亩施尿素6~8 kg、磷酸一铵4~6 kg、硫酸钾3~4 kg。

8月15—20日停肥，8月20—25日停水。

三、棉花施肥中存在的问题

目前，我国棉花生产中肥料的施用方面还存在许多问题：重化肥，轻有机肥；重氮肥，轻磷钾肥；重大量元素肥，轻微肥。造成地力下降、肥料利用率低，浪费严重，污染环境和地下水，成本高，效益低，高产低质，高品质原棉供给仍然受限等问题。目前，新疆棉花膜下滴灌面积不断扩大，在这种节水灌溉条件下，注意不要因滴灌省肥而过多地减少氮肥施用量，尤其是高产田，要防后期早衰，导致减产。

此外，我国化肥的利用率低，氮肥、磷肥和钾肥的当季利用率分别为30%~50%、10%~20%和35%~50%，其中，氮肥的损失特别严重。造成化肥利用率低的因素很多，主要原因是施用量及其配比不合理、施肥方法不当。棉田肥料施用不平衡、养分比例失调、盲目施肥等现象时常发生，导致施肥效益下降，大量氮、磷流失造成农业面源污染加剧、部分地区水体富营养化进程加快、生态环境恶化。

棉花施肥还存在肥料用量过大、使用方法不妥、肥料利用率低、施肥工序复杂等问题。面对发展"三高一优"和提倡农业可持续发展的新形势，引导广大农村干部、农户更新观念，扭转"三重三轻"等倾向，调整肥料结构，实施"测、配、产、供、施"一体化，已成为当前肥料工作的重点。

第二节 化学调控

一、缩节胺调控

棉花花铃期由营养生长与生殖生长同时并进逐渐转向以生殖生长为主，边长枝、叶，边现蕾、开花、结铃，是形成产量和品质的关键时期。花铃期应用缩节胺不仅能够控制营养器官的生长，同时能促进产量器官发育，提高同化产物向蕾、铃等产量器官中的分配率，为解决营养生长和生殖生长矛盾提供有效手段。

（一）初花期缩节胺调控技术

"宽早优"高产棉田初花期棉花株高日增长量1.6~1.8 cm，叶片12~

15片，果枝8~9台，叶片大小适中，叶色稍深，生长点舒展，红茎比60%左右，群体陆续开花。此时，每亩喷施3~5 g缩节胺，促进营养物质向蕾铃器官的输送。

（二）打顶后缩节胺调控技术

"宽早优"棉田7月1—5日打顶，打顶后7~10 d适棉花生长情况每亩喷施5~8 g缩节胺，以终止后期无效花蕾的生长发育，防止贪青晚熟或者早衰等。

二、化学封顶技术

棉花具有无限生长习性，主茎和侧枝顶心在温度等环境条件适宜时可陆续延伸。但是，因后期温度、光照等环境条件的限制，过度延伸增加的生殖器官不能正常开花吐絮，浪费了养分，成为无效消耗。因此，长期以来，棉田管理都要进行人工打顶。打顶即人为打去主茎顶尖（一般打去主茎顶尖一叶一心），以控制主茎生长、调节养分分配。近年来，随着经济和社会发展，劳动用工缺乏和劳动力价格上涨成为植棉成本增加、效益降低的主要因素之一。每年7月上中旬，正值棉花打顶高峰期，打顶工作时效强、任务重、时间紧，棉农尤其是植棉大户雇佣打顶工难的问题十分突出；打顶工作滞后会造成营养无谓消耗，影响棉花产量。可以说，棉花人工打顶费工费时、成本高、效益低已成为阻碍棉花全程机械化生产发展有目共睹的"瓶颈"问题。因此，研究人工打顶替代技术具有"里程碑"意义。

人们曾尝试应用打顶机械进行打顶，但一刀切方式对棉花顶部花蕾和枝叶造成较大机械损伤，在一定程度上加剧棉花病虫害发生和早衰。随着棉花化学封顶剂研发及其应用技术日益熟化进步，化控封顶技术在新疆棉花上的应用日渐普遍。如今，新疆约70%棉田采用化控封顶。化控封顶植棉技术是指利用化学封顶剂强制延缓或抑制棉花茎尖生长，控制棉花无限生长的习性，从而达到类似人工打顶的调节营养生长与生殖生长的目的。一般化学封顶剂有氟节胺类（主要成分为N-乙基-N-2,6′-二硝基-4-三氟甲基苯胺）、缩节胺类（主要成分为1,1-二甲基哌啶鎓氯化物，简称Mepiquat Chloride，或DPC）、矮壮素类（2-氯乙基三甲基氯化铵）等。近年来，中国农业大学李召虎课题团队研究发现，普通98%DPC粉剂也有一定的封顶效果，其在黄河流域棉区、长江流域棉区和西北内陆棉区（主要是新疆）的研究结果表明，棉花应用DPC粉剂进行化学封顶具有较好的稳定性和普适性，建议生产中与人工打顶同期应用90~180 g/hm² DPC进行化学封顶。笔者在近期开展的调研中也发现，在植棉技术较高的部分团场有棉农使用普通DPC粉剂进行棉花封顶，取得了较好的效果。化控封顶技术目标：一是有效抑制茎尖生长；二是有效降低封顶剂对顶部成铃的影响，化控封顶技术的应用解决了棉花生产全程机械管理"最后一公里"问题，是棉花生产进入到新的植棉时代的标志。

（一）棉花化学封顶剂种类

1. 氟节胺类化学封顶剂

氟节胺是一种接触兼局部内吸性植物生长调节剂，是二硝基苯胺类物质，化学名称是 N-（2-氯-6-氟苄基）-N-对乙基-α,α,α-三氟-2,6-二硝基-对-甲苯胺。氟节胺与植株生长点细胞中的微管蛋白结合，致使植株动力分子马达因无法运输微管蛋白而失去聚集功能，进而完成对植株生长点细胞分裂速率的有效调控（不抑制细胞伸长），实现延缓顶芽（顶端）生长、减弱植物顶端优势、完成株型调控的目的。

优点：一是对棉花安全，不会造成棉田早衰、叶片肥大、畸形桃等现象；二是持效期长，氟节胺持效期一般至少一周以上，后期返青概率较小。

缺点：一是成本较高；二是对水肥控制要求相对较高，如不能合理控制水肥，易造成棉花二次生长；三是不能与其他农药混用。施药前 7 d 内避免喷施叶面肥、芸薹素内酯、氨基酸叶面肥、尿素、复硝酚钠等，否则会降低药效。

2. 缩节胺类化学封顶剂

缩节胺在棉株内可抑制赤霉素的合成，从而改善赤霉素浓度和调控植株内源激素体系平衡，抑制细胞伸长而不抑制细胞分裂。

优点：缩节胺能有效塑造株型，增强地下部分根系的活力，使棉花叶色加深，茎枝强健。

缺点：一是持效期较短，缩节胺药效一般为 7~10 d；二是剂量过大会出现棉花叶片肥厚、后期脱叶困难、棉铃夹壳、棉田早衰等现象。

3. 矮壮素类化学封顶剂

矮壮素是一种植物生长抑制剂。其作用机制是抑制植物内源赤霉素的生物合成，从而延缓植物细胞伸长，使植物矮化、茎秆粗壮、节间缩短，且能阻滞棉花营养生长，合理调节有机养料的分配，以增保棉。

优点：用量小，见效迅速。棉花喷施矮壮素后株型更紧密，能避免疯长，推迟封行期，改善通气透光条件，增加光合作用，减轻蕾铃掉落，促使早结桃和多结桃。

缺点：一是用量不易掌握，用量太少封不注顶，用量过多对棉花影响较大；二是易引起棉花早衰、叶片肥厚、畸型桃增多等，对棉花产量和品质影响较大。

4. 其他类化学封顶剂

其他类化学封顶剂有 14-羟芸烯效唑、促花王等。

14-羟芸烯效唑是 14-羟基芸薹素甾醇和烯效唑复配的复合制剂，与核酸有机结合达到平衡植物内源激素的效果，实现植物均衡生长、防止旺长现象的发生。优点是剂量小、活性强，而缺点是易造成药效滞留，严重影响后茬作物生长。

促花王主要成分是植株阳离子活性剂，能使植株自身迸发出的植物电子与高能电子极性发生反应，促进光合产物向下运输，促使棉花顶部营养回流到棉桃中，从而削弱顶端优势，直至顶端停止发育。其优点是安全、无毒，缺点是成本高、对水肥要求高。

（二）施药方式

1. 机械顶喷

化学封顶作为一项高效、节约成本的化控技术，其优势的发挥与作业方式密切相关。施药机车喷雾效果对化学打顶剂在棉花上的沉积分布性能及产量起决定性作用。王刚等（2016）对机力牵引式喷药机在不同作业、喷雾压力及喷雾距离下的喷雾效果进行试验研究，应用正交分析方法分析了各因素对喷雾效果与产量的影响。结果表明，喷头至棉花顶尖距离 20 cm、喷雾压力 0.4 MPa、喷药机作业速 4 km/h 时，顶部叶片雾化效果优，打净率达 92%，产量为 6 225 kg/hm^2，打药机车作业效果最好，经济效益最高。

2. 无人机喷施

近年来，无人机技术快速发展，广泛应用于各个领域。无人机技术在农业领域的应用可视为一场"绿色革命"，无人机结合了 GPS、GIS 以及大数据技术，配合其搭载的传感器和喷施设备，可实现精准、高效植保作业，极大地解放了劳动力，提高了农业生产水平，促进了现代农业发展。无人机施药技术是新型植保作业方式，较传统植保作业方式作业效率高、雾化效果好，采用低容量或超低容量喷雾，规模化作业成本明显降低。传统的化学打顶多采用地面机械进行，作业过程中难免会损伤棉花，影响棉花的产量和质量，使用小型植保无人飞机可改善传统机械作业带来的问题。

（三）施药技术

1. 喷施时间

棉花化学封顶技术应用时间确认原则同人工打顶，以"枝到不等时，时到不等枝"的原则确定打顶期。北疆"宽早优"棉田棉花单株果枝数达到 8~10 个、下部有 2~3 个棉铃时，正常年份为 7 月 1—5 日，最晚为 7 月 10 日；南疆"宽早优"棉田棉花单株果枝数达到 9~11 个、下部有 1~2 个棉铃时，正常年份为 7 月 5 — 15 日，最晚为 7 月 20 日。宜在相邻两次水肥中间时段的无风天气喷施棉花化学封顶剂。

2. 施用剂量

98%甲哌鎓（缩节胺）粉剂或 25%缓释增效型缩节胺（DPC$^+$）水乳剂：对于长势正常的棉田，按照药剂说明书推荐的用量和方法使用，即 25%缓释增效型缩节胺水乳剂，每亩用量 50～75 mL；或 98%缩节胺粉剂，每亩用量 10～15 g，增效助剂 10 mL。对于沙质土壤、发育较早、长势较弱的棉田可适当减少用药量，反之适当增加用药量。一般情况下，缩节胺类化学打顶剂、矮壮素类化学封顶剂在棉花打顶时喷施一次即可达到封顶效果。

20%、40%氟节胺悬浮剂：氟节胺需施药两次。第一次施药时间为 6 月 15 — 20 日，棉花蕾期，单株果枝数为 5 台，起到塑型整枝作用。第二次施药时间为 7 月 5 — 10 日，棉花花期，单株果枝 8～9 台，可起到化学封顶的作用。25%氟节胺悬浮剂第一次施药，用药量为每亩 80～100 g；第二次施药，用药量为每亩 120～150 g。40%氟节胺悬浮剂第一次施药，用药量为每亩 50～80 g；第二次施药，用药量为每亩 90～100 g。

3. 药液配制

药液配制前应仔细、认真阅读产品的标签，根据产品剂量、配制方法及用水量要求，准备量取化学打顶剂的器皿。药液现用现配，避免久置，需短时间内存放时，应密封并安排专人保管。

准确核定施药面积，根据推荐的棉花化学封顶剂应用计量计算田块用量，用专业器具准确量取。

采用二次稀释法配制药液，先用少量水将化学封顶剂稀释成"母液"，然后在药箱中加入额定水量 30%～50%的清水，倒入母液，同时进行回水搅拌，再加足所需的清水，充分搅拌保证药液浓度均匀一致。

采用顶喷（机械喷施）时，缩节胺类打顶剂兑水量为每亩 20～30 kg；氟节胺悬浮剂第一次施药时，兑水量为每亩 20～30 kg，第二次施药时兑水量为每亩 30～40 kg。采用植保无人飞机时，兑水量为每亩 1～1.5 kg。

4. 喷施方式及作业要求

采用机车喷药，应先在田外试喷，确保机械部件连接牢固、喷头雾化良好、喷药量和位置准确、机械运转正常、过滤环节顺畅等；喷药位置，每个喷头对准 1 行棉花，喷头距主茎顶部上 20～30 cm；喷洒药液量 450～600 kg/hm^2；喷雾压力稳定在 0.4 MPa；行走速度控制在二挡（4 km/h），喷洒药液时数量准确无误，不重喷、不漏喷；作业期间观察喷头喷雾、过滤、药液输送等环节，严禁"跑、冒、滴、漏"现象发生。

采用无人机喷药，喷施作业过程中，按照选择的飞行参数和既定的航线作业线进行作业，农业无人机喷药喷幅 3~6 m，飞行高度应距离棉花冠层顶部 1~3 m，飞行速度控制在 4~6 m/s，螺旋桨转速 2 000~2 600 r/s，喷液量 15~22.5 kg/hm^2，喷施雾滴粒径为 100~200 μm，作业区域内雾滴数量应不少于 15 个/cm^2，飞行距离应在飞手可视的范围内。以利于随时关注高压/离心喷头雾化、喷幅等喷洒效果，保证喷洒作业质量。往复喷施，喷幅要略微重叠。无人机没有喷到的地头、地边，需要及时人工辅助补喷。

5. 注意事项

化学打顶剂不可与农药、叶面肥混合使用；根据喷药机具往返一次的面积，确定药量和水量，做到定点、定时、定量添加；喷药时田间风速不高于 4 m/s；避开露水期和一天中高温阶段喷药，以 16:00 后喷药效果较好；喷药后如遇雨，视间隔时间和药剂说明书要求，需要补喷的及时适量补喷；作业结束后立即清洗机械；喷药后 8 h 内若有降水，需要重新喷施；农业无人机作业区与其他非喷雾作物区之间的间隔带应不小于 5 m 的宽度，避免非作业区作物受到药剂影响。

(四) 化学封顶后棉田管理技术

1. 水肥运筹

7 月中下旬，化学封顶后的第一次水肥管理要坚持适度控水控肥的原则，避免化学封顶剂对棉花生长的抑制作用和水肥对棉花生长的促进作用相互抵消，影响棉花化学封顶的效果。每亩滴水量应酌情减至 20~25 m^3。施肥遵循"降氮、稳磷、增钾"的原则，根据棉株下部铃数差异化滴肥，棉株下部未见棉铃的棉田，每亩滴施尿素 2~3 kg、磷酸一铵 1~2 kg、磷酸二氢钾 1 kg；棉株下部有 1~2 个棉铃的棉田，每亩滴施尿素 3~4 kg、磷酸一铵 2~3 kg、硫酸钾 1~1.5 kg；棉株下部有 3~4 个棉铃的棉田，每亩滴施尿素 4~5 kg、磷酸一铵 3~4 kg、硫酸钾 1.5~2 kg；棉株下部有 4 个以上棉铃的棉田，每亩滴施尿素 5~6 kg、磷酸一铵 4~5 kg、硫酸钾 2~2.5 kg。同时，要增施叶面肥，花铃期用 2%尿素加 0.2%~0.5%的磷酸二氢钾水溶液兑水适量喷洒叶面 2~3 次，两次间隔 7~10 d。

2. 缩节胺调控

棉田化学封顶后应视棉花生长情况，采用缩节胺重控 1~2 次。第一次为封顶后 7~10 d，缩节胺用量为 5~8 g/亩。第一次缩节胺喷施 7~10 d 后若棉株仍旺长，则用 8~10 g/亩缩节胺兑水 20~30 kg 喷洒中上部枝叶。

第三节 病虫草害防治

一、病虫草害防治特点

棉花花铃期病虫害较多,是造成此期落花落蕾的主要原因。花铃期棉铃易受病原微生物侵染,棉铃受侵染后形成僵瓣、黄花,有的不能开裂,严重的全铃腐烂,纤维腐朽。棉花铃期病害一般以疫病及红腐病为主,炭疽病亦常发生。棉铃病害在新疆不同年份差别很大。一般秋季干旱年份发病少、为害轻,秋雨多闷热的年份发病多、为害重。铃期病害不仅影响棉花产量,而且降低棉花品质。受病菌侵染的棉籽,发芽率降低,不宜作种,榨油则油质差。棉花花铃期主要害虫有棉铃虫、棉盲蝽、烟粉虱、棉叶螨等,主要蛀食棉蕾、花、铃和消耗养分,引起蕾铃大量脱落和烂铃,对产量和品质影响较大。花铃期棉田杂草发生量较少,且此时棉花已经封行,新生杂草受到抑制而对棉花影响较小。

二、花铃期病虫草害防治关键技术

(一)病害

棉铃病害种类很多,不同地区病原种类和为害程度又有较大差别。为做到对症治疗,必须首先搞清当地棉铃病害的种类及其优势种,然后采取以农业防治为基础的综合防治措施,才能取得较好的防治效果。

1. 加强栽培管理

棉株徒长、棉田荫蔽易诱发棉铃病害发生,各地应根据实际情况选留合适的植株密度,并注意及时化控,及时打顶、整枝、摘叶。棉田铃病发生后,应及时采摘,并将烂铃带出田外集中处理,以减少再侵染来源。

2. 化学防治

棉花烂铃中60%以上是由病虫害引起的,因此需重点防治棉铃虫等钻蛀性害虫,以减少伤口,避免病菌浸染等为害,可喷施功夫、高效氯氰菊酯、灭多威等杀虫剂防治害虫。

在烂铃发生初期应及时喷药防治,如果烂铃发生较重时再喷药防治效果就会很差。可选用75%百菌清可湿性粉剂600倍液,或50%多菌灵可湿性粉剂500倍液,或10%苯醚甲环唑(世高)水分散粒剂1 000倍液,对准棉株中下部的青铃喷洒,间隔6~8 d再喷洒一次,连喷2~3次。

(二) 虫害

1. 棉铃虫（*Helicoverpa armigera* Hubner）

可选择早熟或中熟玉米品种，在棉田四周种植玉米诱集带，株距 1 m，种在边行地膜上，严禁全田插花种植。利用棉铃虫喜欢在玉米喇叭口内栖息和在玉米上产卵的习性，每天固定专人拍打叶心，消灭成虫，并在二代棉铃虫卵盛期后，把玉米砍运出田外或对玉米进行喷药处理，以减少虫源。或用杨树枝把、频振灯诱杀棉铃虫成虫，同时兼治棉盲蝽。

也可采取化学防治，选用 600 亿 PIB/g 棉铃虫核型多角体病毒水分散粒剂 3 g/亩，或 25% 灭幼脲三号 1 500 倍液，或 5% 氟铃脲 1 000 倍液，或 0.2% 氯虫苯甲酰胺 150 g/hm^2，或 20% 氟虫双酰胺悬浮剂 150 g/hm^2，或 4.5% 高效氯氰菊酯乳油，或 2.5% 三氟氯氰菊酯（功夫）乳油 1 500~2 000 倍液，或 1% 甲维盐 1 000 倍液喷雾。

2. 棉盲蝽

主要有牧草盲蝽（*Lygus pratensis*）和苜蓿盲蝽（*Adelphocoris lineolatus*），属半翅目盲蝽科。

棉盲蝽 6 月上旬开始迁入棉田，应随时调查盲蝽的发生动态，蕾期虫量 5~8 头/百株，应立即用药进行防治。用 1% 甲氨基阿维菌素乳油 50 g/亩，或 10% 吡虫啉 300 g/hm^2，或每亩用 4.5% 高效氯氰菊酯乳油 40 mL+40% 毒死蜱乳油 60 mL 兑水 30 kg 加适量有机硅助剂喷雾进行防治。喷药时间应选择在清晨或傍晚，棉盲蝽未开始在田间活动时进行，用机动喷雾器连片防治。也可利用盲蝽的趋光性，在棉田周围距地表 2~2.5 m 处悬挂高压汞灯、黑光灯和频振式杀虫灯诱杀。

3. 烟粉虱 [*Bemisia tabaci*（Gennadius）]

烟粉虱成虫发生期可选用 70% 吡虫啉 7 000 倍液，或 10% 唏啶虫胺 1 200 倍液，或 1.8% 阿维菌素 1 000 倍液，或 3% 啶虫脒 800 倍液，喷施叶背为主，连续防治 2~3 次。若虫发生期，可选用 25% 噻嗪酮可湿性粉剂 1 000 倍液喷雾。对于世代重叠严重（成虫、若虫、卵）且虫口基数高的田块，每亩 10% 吡丙醚乳油 60 mL+25% 噻嗪酮可湿性粉剂 45 g+10% 烯啶虫胺水溶性液剂 60 mL，兑水 45~60 L，在产卵高峰使用优良杀卵作用的溴氰虫酰胺和吡丙醚，每隔 5~7 d，连续防治 2~3 次。

4. 双斑萤叶甲（*Monolepta hieroglyphica* Motschulsky）

双斑萤叶甲有一定的趋光性，可用频振杀虫灯诱杀，或者在棉花地边种植生态带（小麦、苜蓿、玉米），提高棉田的生物多样性。科学合理使用农药，保护利用天敌。

当百株虫口达到 30 头、田间天敌较少的情况下，选择高效、低毒、低残留杀伤天敌轻的农药，点片防治，禁止大面积用药，避免其他害虫猖獗发生。在傍晚或凌晨，用5%氟虫腈悬浮剂 1 125 g/hm²，或25%噻虫嗪水分散粒剂 225 g/hm²，或1.8%阿维菌素乳油 1 000 倍液，或30%赛丹乳油 750 g/hm² 等采用机械或人工喷雾防治。

（三）草害

花铃期棉花已封行，棉田内荫蔽较好，棉田杂草种类和发生量均较少，因此杂草为害不大。若棉田禾本科杂草较多，可以选用精喹禾灵、高效盖草能、骠马、精稳杀得等除草剂进行杂草茎叶喷雾处理；若田间阔叶杂草居多，可以选用草甘膦定向喷雾杀死杂草；若此时田旋花为害较重，可采用药剂涂抹的方法进行防除，具体操作为：将41%草甘膦异丙胺盐水剂（农达）稀释后涂抹杂草的绿色部分。

第四节 地膜回收技术

新疆地区为干旱性绿洲农业，地膜应用具有较高价值，但是长期覆膜作业引起的农田残膜污染问题也日益突出，备受关注。经过近30年连续的地膜覆盖应用，地膜残留已经成为新疆地区重大的农业环境污染问题。通过对王绪俭等（2007）、何文清等（2015）和王旭峰等（2015）在新疆不同区域地膜残留调查结果的综合分析，可以发现棉田地膜残留量很大，长期覆膜棉田地膜残留量在 42~540 kg/hm²，平均残留量在 200 kg/hm² 以上。在北疆连续20年覆膜单作棉花、棉花—番茄轮作和连续10年覆膜单作棉花的农田土壤地膜残留量平均分别为 307.9±35.84 kg/hm²、334.4±47.88 kg/hm² 和 259.7±36.78 kg/hm²。这说明不同种植模式与覆膜年限对地膜残留量影响很大，覆膜年限越长，土壤中地膜残留量越高。同时，棉田土壤中残留地膜基本上分布在耕作层，且主要集中在 0~20 cm 表层土壤中，由于耕翻等导致残膜向深层土壤转移。地膜残留已严重影响棉花生产和生态环境，亟须开展地膜污染整治，研发升级地膜回收技术，加强政策和标准规范的制定，促进农业农村绿色发展。

一、残膜回收技术主要类型

在我国，残膜回收技术主要可以分为人工捡拾以及机械化回收两大类。人工捡拾大多分布在西部内陆小面积地区，西部内陆地区由于气候、地形等因素的限制，没有大规模种植的条件。在小块地形上残膜的回收方式多数为人工捡拾，而人工捡拾存在劳动强度大、费时费力、捡拾效率低、无法捡拾残留在土壤中的碎膜等缺点，因此，机械化回收成为解决残膜污染问题的有效手段。目前，残膜回收技术大致可分为播前残膜回收技术、苗期地膜回收技术和秋后残膜回收技术。

（一）播前耕层残膜回收技术

播前耕层残膜回收技术是指春耕播种前，利用搂、扎的方式对土壤中碎膜进行清理性回收，以减少耕作层土壤中残膜对作物的生长影响。主要通过在整地机后加装各类搂膜、扎膜辊机械装置，整地的同时完成对土壤层残膜及田间杂物的清理，其作业耕深约为 5 cm。该时期残膜主要以碎片状形式分布在耕层，大多为 $4\sim25\ cm^2$ 的碎片，通过水肥迁移与土壤紧密结合，影响土壤结构，造成土壤物理性能变化。这类残膜难以回收，采用机械作业的方式残膜回收率低，试验条件下低于 50%，实际作业时残膜回收率更低，并且耕层残膜回收一般采用在耕层对土壤与残膜进行筛分作业，作业效率低，拖拉机能耗较大，耕层残膜回收仍是机械化作业的难点问题。同时，新疆地区春季多风，为防止地膜堆放在田间产生二次污染，及时将其收集、转运及存放。

（二）苗期地膜回收技术

苗期地膜回收技术是指在棉花浇头水前，完成对边膜的回收，边膜是地膜覆盖时两垄边入土覆盖的地膜，一般宽度为 10 cm，此部分地膜受田间机械作业反复压实影响，秋后回收难度较大，提前回收可减少秋后回收难度。受水资源影响，中间膜在南疆地区水资源紧张的区域，一般不在苗期回收。

"宽早优"棉花生育期间地膜回收技术主要包括以下环节：选择宽等行的播种覆膜种植模式。随着生产条件改善、棉花产量水平的提高，选择宽等行（76 cm）种植模式，可改善群体结构，提高光温利用效率，是新形势下实现棉花高产再高产的有效途径。不仅如此，宽等行种植还减少了单位面积的棉花行数和种孔数，有利于残膜回收，为确保回收效果奠定了基础。选择与播种覆膜机配套的生育期行间揭膜回收机。该回收机具有护苗挡板，可以保护棉苗不受损伤，切膜铲（行上覆膜的，如是行间覆膜播种的可免去该装置）将沿苗孔一侧切断土带埋压的地膜，松土铲将埋压地膜的土带松散，起膜装置将地膜与地面分离，导膜轨道、脱膜箱、脱膜滚筒等装置将起膜装置分离的地膜顺利地汇集于集膜袋中，随着机械前行，陆续揭膜、导膜、集膜，完成回收过程。该机回收地膜较完整、彻底，回收率 98% 以上。确定回收时间依据新疆棉花生育和气候特点，以滴头水前、6 月上中旬进行回收为宜，回收后及时滴水。

生育期行间揭膜回收注意事项。一是在棉田外进行回收机调试，检修紧固各功能部件；二是操作人员进行技术培训，熟练掌握操作、调试技能；三是根据田块大小，适时清理揭膜机携带的残膜，最好在地头清理；四是行走速度均匀,以 8~10 km/h 为宜;五是出现故障及时处理。回收的地膜及时运送收购场站,禁止就地存放或焚烧,造成二次污染。

(三) 秋后残膜回收技术

秋后当季残膜机械化回收技术是在秋后棉花采摘完成后,对当年投入的地膜进行回收。秋后残膜回收技术的特点在于作物经过整个生长周期后,地膜的物理性能变差,不能有效进行拉扯、捡拾、缠绕等工作,而且膜土结合力较强,加上农作物在收获时还留有根茬,加大了残膜回收的难度。在新疆覆膜种植的棉区,目前采用的残膜回收农艺措施主要有 5 种。

1. 秸秆粉碎之前立秆搂膜集条作业

首先采用秸秆还田机在垂直于棉行方向上作业出间距 30~50 m 的卸膜通道,然后利用立秆搂膜机将地膜搂集到卸膜通道,最后利用铲车等将地膜清理出田间,目前已大面积应用。

2. 棉秆(茬)起拔与搂膜集条分段作业

第一步由拔秆起膜机的刀辊入土将棉秆(茬)拔起铺放在地表并完成膜土分离,第二步利用指盘式搂草机进行集条,最后进行人工分拣,主要在新疆南部部分地区使用。

3. 秸秆粉碎还田与搂膜集条联合作业

该技术将秸秆粉碎还田机与搂膜工作部件进行有效集成,工作时秸秆粉碎还田机先将粉碎的秸秆抛撒到机具后方,紧接着搂膜部件搂膜,一般每隔 30~50 m 距离卸膜一次,最后在横向方向形成条状卸膜带。

4. 秸秆粉碎还田与残膜捡拾装箱联合作业

该工艺采用卧式秸秆粉碎还田机将棉花秸秆粉碎后抛撒到机具后方,然后运用捡拾部件捡膜脱膜并将残膜输送到集膜箱,在地头进行卸膜。

5. 根茬翻埋与残膜捡拾装箱联合作业

该工艺先采用旋耕机将棉秆根茬翻埋入土并将地膜打碎成片状,然后运用链齿式捡拾部件捡膜并在气力作用下脱膜入箱。

二、残膜回收机分类及主要机型

(一) 按功能分类

从功能角度讲,残膜回收机有单项残膜回收机和联合作业机。单项作业机具只具备回收残膜的功能,应用最多的是弹齿式立秆搂膜机,与 51.5~66.2 kW 拖拉机配套使用,一次作业可完成搂膜、脱膜、卸膜等工序。此种机型对残膜的回收率较低,但结构简单,造价低,作业效率高;联合作业机分为两种方式,一种是茎秆粉碎还田与残膜回收联合作业,另一种是根茬起拔与残膜回收联合作业。

（二）按回收时间分类

从回收时间角度讲，残膜回收机又可分为苗期残膜回收机械（表5-1）、秋后残膜回收机械（表5-2）、耕后播前残膜回收机械和耕层内清捡机械（表5-3）等。其中，苗期残膜回收机主要运用机构类型为卷膜轮式。例如MS-2型玉米收膜中耕联合作业机为卷膜轮式，代表机型由东北农业大学研发制造，将切膜、起土、收膜结合，可以配合18 kW以上的拖拉机进行使用，由于在靠近苗行内侧安装了护板，减少了对玉米的伤苗率，伤苗率仅为2.1%，拾膜可靠回收率达到85%。秋后残膜回收机按残膜捡拾机构类型可分为弹齿式、伸缩杆式和链齿式残膜回收机。其中，弹齿式残膜回收机就是弹齿排布在输送带上，通过弹齿齿尖的挑膜作用将表层膜挑起，然后传送到后方的集膜箱。耕后播前残膜回收机主要运用的机构类型是气吸式和链齿式残膜回收，例如新疆农业大学研发的4MQ-1.5型气吸式残膜回收机，利用负压使膜进入集膜箱。

（三）按工作原理分类

根据回收地膜工作原理的不同，残膜回收机具又可以分为弹齿式、耙齿式、轮齿式、齿链式、伸缩杆齿式和铲式起脱滚筒筛式残膜回收机等。链齿式收膜效率高，适合捡拾破碎程度低的膜；弹齿式收集简单，但是弹齿部件易磨损、易变形，不牢靠；伸缩杆式工作效率高，但是结构复杂、容易使膜破碎，而且制造成本高，且田间作业环境恶劣；钉齿式设计简单紧凑，但是回收膜中杂质较多、回收效率低。

表5-1 苗期地膜回收机主要机型

序号	机型名称	研发单位	特点
1	CSM-130B苗期地膜回收机	新疆生产建设兵团农机推广站	与中型拖拉机配套适应，由挂膜齿将膜挂起然后通过导轨运输至卷膜箱，卷膜箱为无心圆孔卷膜方式，人工卸膜，主要在玉米和烟草苗期使用
2	MSM-3苗期地膜回收机	新疆农业科学院机械装备研究所（原农机所）	与小马力拖拉机配套使用，其结构利于卷膜辊子进行回收地膜

表5-2 秋后残膜回收机型

序号	机型名称	研发单位	特点
1	4JM-205Q秸秆还田残膜回收一体机	新疆钵施然	采用弹性齿滚筒收膜形式实现残膜起膜，秸秆粉碎后从两侧排出还田，实现膜杆分离，配备4.5 m³超大集膜箱液压卸膜，残膜拾净率可达90%，纯净率可达80%

（续表）

序号	机型名称	研发单位	特点
2	4JSM-1800 棉秆粉碎及残膜回收联合作业机	新疆农业科学院	机具前端为粉碎机构，将幅宽内的棉秆打碎后向后侧抛出，弧形梳齿式松土挑膜齿用来起膜，通过脱模辊将膜刷入膜箱，回收率约85%
3	QSM-2 型残膜回收机	新疆农业科学院农机所与新农业大联合研发	与中型拖拉机配合使用，其原理是用偏心滚筒伸缩杆式结构进行起膜回收
4	4SJ-1.6 型残膜回收与棉秆粉碎联合作业机	新疆农垦科学院	收膜装置为滚筒捡拾机构，粉碎装置为横轴锤爪式，直接粉碎秸秆排至机器两侧还田，回收膜通过刷膜装置进入箱内，回收率约81%
5	4JSM-2000 型棉秆粉碎与残膜回收联合作业机	新疆农垦科学院	机具新安装了风机搅龙传送设备，与原机锤片式粉碎机构组合使用使棉秆达到粉碎状态，粉碎合格率为91.1%，回收率约84.4%，膜秆分离率87.3%
6	4JSM-2100 型棉秆还田及残膜回收共同作业机	新疆农业科学院	此机具利用滚筒式伸缩捡膜机构，该机具有起茬、松土、脱模等功能，同时实现"膜土分离"，"膜秆分离"，回收率为88%
7	CMJY-1500 型农田残膜回收及打包联合作业机	新疆农垦科学院	弹齿固定结构与脱膜滚筒为偏心配置，机器可使残膜的捡拾和杂质分离与打包成型一同完成，拾净率达92.8%
8	CMJ-5 型春秋两用密排弹齿式残膜回收机	新疆兵团农八师149团	工作时有碎土的功能，通过搂膜齿可以将地表 5 cm 内残膜搂集，当弹齿挂满残膜碎膜时，通过液压控制机构提升卸下，由人工运出田地
9	CM2000 残膜回收机	新疆金天典农机制造有限责任公司	主要用甩刀将秸秆粉碎，将地膜铲起，既保证了秸秆还田，又将地膜抛出输送脱模后进入集装箱，回收率在85%以上
10	4JMS-2.0 残膜回收与秸秆还田联合作业机	新疆科神农业装备科技开发股份有限公司	适用于作物收获后一次完成残膜回收和棉秆粉碎还田作业，采用的是弹齿链耙式地膜捡拾，液压控制粉碎装置和捡拾装置，回收率在85%以上

表 5-3 播前耕层残膜回收机主要机型

序号	机型名称	研发单位	特点
1	链齿式耕层残膜回收机	新疆农业大学	拖拉机带动，前进时通过挖掘铲起土起膜，送入传动链，链上的弹齿进行钩膜使膜土分离，最后进入收膜箱进行收膜，捡拾效率高达80%（相对耕层残膜量 16~18 kg/hm^2），作业深度 150 mm

(续表)

序号	机型名称	研发单位	特点
2	链筛式耕层残膜回收机	新疆农业大学	前进时前端起土铲铲起的土膜混合物先通过链齿机构的抖动进行捡拾后送至振动部件,膜土混合物在振动机构的筛板上产生的振动而跃起,在振动机构的振动和摆动中实现膜土分离,然后输送至集膜箱,工作深度150 mm左右
3	旋耕齿钉式耕层残膜回收机	塔里木大学	前进作业时旋耕齿旋转起膜,通过传送装置到达集膜箱,作业深度0~150 mm,回收率在75%左右
4	4MQ-1.5型气吸式残膜回收机	新疆农业大学	残膜通过起膜装置(起膜辊)起到风口,风机产生负压进入风机内后进入集膜箱
5	CM-2.6型播前地表残膜回收机	新疆兵团第六师	工作时利用聚风罩和地轮共同提供动力,带动毛刷转扫器旋转,靠风流的作用和毛刷旋转所产生的磨擦作用,通过惯性将残膜运输到出风口集网箱,工作深度为0~60 mm
6	提土筛式耕层残膜回收机	塔里木大学与莎车县德阳新能源有限公司联合研制	作业时旋耕刀把深层的土和膜打出至提土筛,提土筛在把膜土混合物送至分离筛,通过震动分离,达到膜土分离,最后进入膜箱,回收效率较高,杂质率低

三、"宽早优"棉田农用残膜回收技术

(一) 回收时期

适时清理,播种前耕翻和耙地回收耕层内残膜;在浇头水前采用中耕切割机进行边膜回收;秋季棉花收获后采用残膜回收机进行机械回收残膜。

(二) 回收前准备工作

清理地表的树根、石头、滴灌管及其他障碍物,对滴灌主管、电线杆或其他不能清除的障碍物作出明显标记。人工对田边地头等机械作业困难的区域进行残膜捡拾。

选择性能先进、适用的残膜回收机及配套的动力机械,并对机械进行全面检查、调整和保养。

(三) 作业流程

秋季回收机械以梭形行走法为主要的作业方法,春季回收机械宜采取与地块斜向或横向搂膜作业方式,以便清理边沟内残膜,实现最好作业效果。

作业速度应符合机具说明书的要求,匀速直线行驶。

动力驱动型机械应在平稳接合动力,空负荷试运转后开始作业起步,缓慢放下机具后进入作业。通过液压悬挂机构调整提升拉杆和上拉杆长度使机

具达到最佳的作业工作状态;调整机具的限深装置设定作业深度。机组在掉头、转弯或倒退时,应在农具提升后减速进行;在作业状态中不应倒退。作业时应及时卸掉残膜残茬,防止机具堵塞,并及时运至棉田外安全区域处理。

(四) 农用残膜的贮存和运输

农用残膜回收后进行清杂,不能在农田或其他农作物用地随意弃置、掩埋和焚烧,及时送交废旧地膜回收网点;回收后的废旧地膜经捆扎和包装后堆放在专用场地,防止再次污染周边环境。

残膜在运输过程中不能裸露;不能与易燃、易爆或腐蚀性物品混合运输。

第五节 防灾减灾技术

一、高温干旱

花铃期是棉花产量和纤维品质形成的关键时期,对温度极为敏感。花铃期高温热害是指棉花开花结铃阶段遭受高温(日最高气温≥35 ℃)和极端高温(日最高气温≥38 ℃)危害。新疆1961—2022年气象数据显示,花铃期东疆亚区发生高温热害占比超过96%,南疆亚区轻度和中度热害发生频率分别为88.7%和51.6%,北疆亚区轻度热害发生频率为64.5%。同时,花铃期高温热害发生频率和强度均呈增加趋势,呈现出"东强西弱,南多北少"的区域性特征。

棉花在高温下呼吸消耗的有机物质大于光合作用生产的物质,贮存的有机养料就会被消耗,植株由于缺乏养分停止生长,叶片发黄,严重者植株死亡;高温干旱导致根系养分吸收能力下降、根系早衰,蕾铃因有机养分供给不足发生脱落,现蕾数量减少,铃重降低,同时会使棉花黄萎病、红蜘蛛等病虫害扩散蔓延加重;长时间高温无雨天气,加快棉田土壤水分散失,引起棉花早衰、被迫提前吐絮,严重影响棉花产量和品质。

防灾减灾措施如下。

根据中长期天气预报,及早做好防灾减灾预案。

调控好合理的群体。预报7月出现高温灾害的年份,应适当增加花铃期的氮肥量;减少化调次数及用量;补偿力差的品种适当推迟打顶期。

合理灌溉:缩短灌溉周期(≤7 d),采用少量多次的灌溉方案。

科学施肥:一是及时施肥。尿素施入土壤后要经过脲酶的作用与转化才能被吸收。资料表明，当温度在 10 ℃ 时，尿素全部转化需要 7~10 d；20 ℃ 时，尿素全部转化需要 4~5 d；如果土壤温度达 30 ℃ 以上，只需 2 d 即可全部转化。二是合理施肥。高温时，肥料分解过快，迅速转换出大量的 NH_4^+，土壤吸收不了，尤其是沙土地对肥料的吸附能力差。NH_4^+ 分解释放出大量的氨气，对棉花造成氨害，使其叶片受害甚至枯死。因此，高温时一次施肥量不要过大。三是施叶面肥。初花、盛花期，叶面喷施磷酸二氢钾、氨基酸液体肥、水溶性硼肥，能够有效缓解"蕾而不花""花而不实"和"落花落铃"等问题，提高成铃率，增加单铃重，减少畸形铃。

防治病虫害：高温干旱会使棉花黄萎病、红蜘蛛、棉蚜等病虫害扩散蔓延加重，应注重病虫害的防治，减轻高温干旱造成的危害。

二、冰雹

棉花花铃期出现雹灾，棉铃表面出现不同程度的伤点或伤斑，比较严重的棉铃完全破碎。降雹过程通常伴随暴雨，棉田土壤流失严重，由于大雨拍打和冰雹砸实的双重作用，棉田土壤出现板结，冰雹过后往往出现干旱，造成土壤板结干硬，直接影响棉花的正常生长发育。花铃期雹灾主要发生在 6 月底至 8 月中旬。按受害程度可分为较轻损伤型、严重损伤型与光秆绝收型。较轻损伤型，棉花植株主茎断头率 10% 以下，少数果枝打断，叶片被打破，蕾、铃保留较多，铃面有一定数量伤点或伤斑，个别铃被打裂的棉田；严重损伤型，棉花植株主茎断头率为 30%~50%，果枝、蕾铃损失为 50% 以下，大多数叶片被打破，少量脱落，棉田产量损失 30%~40%；光秆绝收型，棉花植株主茎及果枝全部被打断，仅剩少量花蕾，产量损失在 90% 以上的棉田。

防灾减灾措施如下。

光秆绝收型棉田，根据热量资源情况改播其他作物，如复播早熟饲料玉米、油葵（翻压绿肥）和大豆等。

严重损伤型和较轻损伤型棉田，雹灾后应及时排水、中耕；及时喷施广谱型杀菌剂（如多菌灵等）和叶面肥，保铃护叶；追施适量的氮肥和磷、钾肥，防止受伤叶片脱水干枯，加快棉株恢复生长；加强病虫害防治，保证现有蕾、铃正常发育；加强整枝和水控，防止"二次生长"；秋季停水应早于正常棉田；晚发晚熟棉田，合理施用催熟剂；机采棉田的化学脱叶时间应安排在正常棉田之后。

第六章

"宽早优"棉花吐絮期管理技术

第一节 脱叶催熟技术

棉花脱叶催熟技术是使用化学脱叶剂及催熟剂干预棉花的生理生化过程，使其叶片提前脱落，加快成熟的一种技术。棉花脱叶催熟技术是实现棉花机械采收的重要前提，合理施用脱叶催熟剂不仅能够解决棉花后期贪青晚熟或成熟度不一致的问题，也加快了收获前棉花叶片的脱落，提高了机采棉的采摘率和作业效率，降低了机采籽棉含杂率。

一、我国棉花脱叶催熟技术应用情况

我国棉花脱叶催熟剂应用的相关试验示范最早于 20 世纪 50 年代开展，主要是引进苏联、美国等国的脱叶催熟剂进行实验研究。90 年代，新疆生产建设兵团开始立项进行机采棉技术实验研究，至此，我国棉花脱叶催熟剂研发及应用技术相关研究步入新阶段。2005—2017 年，新疆机采棉进入快速发展时期，机采棉面积由 5 万 hm^2 增长到 94.33 万 hm^2。至今，新疆棉区 90% 以上棉花采用机械采收，兵团棉花种植机械化率更高，已实现 100% 机采，即新疆棉花脱叶催熟技术应用已实现全疆覆盖。脱叶催熟技术和机械采收技术的应用使新疆棉区棉花亩采收成本由人工采收的 800~1 000 元下降到机采棉的 150~220 元，显著降低了成本，提高了效益。

相较于新疆棉区，黄河流域和长江流域量大，棉区棉花机械化程度相对较低，尤其是机械采收环节，机采仍处于试验示范阶段，还是以人工采收为主。棉花脱叶催熟剂应用的主要目的是催熟，且常用催熟剂为乙烯利。

二、棉花脱叶催熟剂登记情况

目前，我国已登记 7 种棉花脱叶剂，包括单剂 3 个、混剂 4 个；登记

106件，其中，单剂53件、混剂53件。脱叶剂单剂中以噻苯隆为主要成分的有50件，占94.3%；另有吡草醚2件、敌草快1件；混剂有4种，分别为噻苯·敌草隆、敌草隆·噻苯隆、噻苯·乙烯利和敌·苯·乙烯利，其中，噻苯·敌草隆50件、敌草隆·噻苯隆1件、噻苯·乙烯利1件和敌·苯·乙烯利1件。从剂型来看，噻苯·敌草隆混剂中悬浮剂类型的脱叶剂比例最高，占比80%，其次是可分散油剂，可湿性粉剂和水分散剂分别占比4%和2%；噻苯隆单剂中可湿性粉剂占比72%，悬浮剂、可溶液剂和水分散粒剂，分别占比14%、8%和6%。

目前，已登记在棉花上应用的催熟剂为乙烯利，共有63件，以水剂剂型为主。其中，有效成分含量40%的共有49件，75%、70%和54%有效成分含量的分别为2件、1件和1件。可溶性粉剂和悬浮剂乙烯利剂型数量较少，整体占比约20%。

随着我国棉花机械化程度的提升及机采棉的快速发展，棉花生长调节剂的研制亦得到快速发展，近几年棉花脱叶催熟剂及助剂类型及产品不断增加，并且相关产品迅速涌入棉花市场，有效助力棉花种植生产的轻简化与高产高效。

三、脱叶催熟效果的影响因素

合理喷施技术能够提高棉花的脱叶吐絮质量，进而降低籽棉中的碎叶杂质，对解决棉花品质问题具有重要意义。但在实际生产中，脱叶催熟剂的喷施往往受到多种因素的影响，环境方面如气温、湿度；应用技术方面包括喷施器具及喷施时间等；栽培措施主要包括种植模式、密度及水肥运筹、脱叶催熟剂的类型以及棉花自身长势情况等。

1. 温度

一般情况下，日温在26.7 ℃以上、夜温高于15.6~18.3 ℃时，脱叶催熟剂的活性可达到最高，但不同作用类型的催熟剂和脱叶剂对温度的敏感性并不相同。调节剂型催熟剂和脱叶剂作用的发挥依赖于细胞的代谢活性，因而需要较高的温度；触杀型脱叶剂对温度的依赖较低，且当温度较高时容易发生干枯不脱落现象。Hake等的研究表明，触杀型的脱叶膦和噻节因对温度的依赖性最低，要求的最低温度为12.8~15.6 ℃；调节剂型的噻苯隆居中。对温度的依赖性最强，要求的最低温度为18.3 ℃；乙烯利要求的最低温度为15.6 ℃，在低温下的活性居中。

在新疆沙湾县研究表明，化学脱叶效果与施药当天及施药后5 d内的气温关系不大，而与施药后6~10 d的日平均气温关系密切，同时还与施药后气温变化趋势密切相关。低温天施药，药后10 d内气温持续上升的脱叶率高；高温天施药，喷后10 d气温持续下降的脱叶率低。2011年9月2日施药,施药后 5 d(2—6 日)平均气温均高于 20 ℃;9 月 6 日降雨 2.3 mm,最低温度 7.3 ℃,平均温度为 13.3 ℃;9 月 7—10 日平均气温逐步升高,但均低于 20 ℃;9 月 11—18 日连续 7 d 平均气温均高于 20 ℃;9 月 19—22 日平均气温均低于 18 ℃。各处理施药后 7 d 不同脱叶剂脱叶效果均达到 63%以上,吐絮率均达到 40%以上;各处理施药后 14 d,脱叶效果均达到 83%以上,吐絮率均达到 75%以上;各处理施药后 21 d,脱叶效果均达到 88%以上,吐絮率均达到 93%以上。

2. 湿度

生长季期间和脱叶剂应用时的棉田水分状况以及空气湿度对脱叶率也会产生比较大的影响。新疆棉区,棉田土壤湿度保持在 20%左右、空气相对湿度在 65%左右,脱叶效果最佳。阿不都卡地尔等 2017 年在阿瓦提县"宽早优"棉田开展了不同停水时间(灌溉频次)对脱叶催熟效果的影响,研究发现,滴灌频次 7 次(8 月 20 日停水)处理为棉花生育后期提供较适宜的土壤含水量且有效调节 20~40 cm 土层的土壤水分,调节化学脱叶棉花叶片荧光参数和产量,适当降低光合活性,促进棉花脱叶率与吐絮率增长,且降低挂枝率 16.1%~25%,从而使产量增加 7.6%~16%,同时纤维长度和纺织一致性分别增加了 1.9%~3.9%、4.6%~14.7%。

3. 喷药方式

噻苯隆是国内外主要应用的脱叶剂,无内吸传导作用,因此要求植保机械的雾滴穿透力强,冠层上、中、下各部位叶片能均匀受药。新疆生产建设兵团乃至新疆维吾尔自治区主要采用地面大型喷杆喷雾机喷施棉花脱叶催熟剂,随着国内植保无人机及其施药技术与装备的迅猛发展,用无人机在棉田喷施脱叶催熟剂受到广泛关注。王林等以市场主流无人机对比喷杆喷雾机进行田间试验,评价和分析不同作业区棉花脱叶和吐絮效果。研究发现,采用地面喷杆喷雾机一次顶喷施药的棉花脱叶率在药后 22 d 时达到 73.4%~73.9%,采用无人机两次施药的棉花脱叶率在 82.2%~92.1%,无人机两次施药对棉花的脱叶效果显著好于地面喷杆喷雾机一次顶喷施药;各药械喷雾处理的棉花吐絮率在 92.0%~100%,不同药械间对棉花的催熟效果差异不大。

王爱玉等比较了狼山 3WP-1900 喷杆式喷雾机、大疆 T30 植保无人机和极目 E-A2021 智能植保无人机 3 种处理棉花产量、品质及脱叶催熟效果,研究发现施药方式不影响棉花理论皮棉产量和纤维品质主要指标,但 2 种无人机喷施处理的脱叶效果均优于喷雾机喷施处理,而喷雾机和极目无人机喷施处理的吐絮效果显著优于大疆无人机喷施处理。

总体而言,采用植保无人机在棉田喷施脱叶催熟剂,雾滴粒径小,药液在棉花冠层穿透性强,对棉花有较好的脱叶效果。

4. 栽培措施

麻向阳等研究发现机采棉种植模式对脱叶剂雾滴截获和沉积特性有显著影响，与一膜六行模式相比，一膜三行棉花叶片的雾滴粒径、雾滴覆盖率和沉积量均显著增加，冠层内脱叶剂雾滴分布更加均匀，有利于机采棉脱叶速率和脱叶率的提升。

缩节胺是棉花种植中普遍应用的植物生长调节剂。孟璐等研究表明，缩节胺处理影响脱叶催熟剂的应用效果，缩节胺处理后的叶片更难脱落，尤其是营养枝。

5. 群体长势

不同的棉花品种对脱叶剂的敏感性不同。棉花对脱叶剂的敏感度是由基因和表型的外在作用共同决定的。秦宁等研究表明，脱叶剂敏感材料具有果枝较短、株高较矮、株宽较窄、生育期较早、自然脱叶率低等特点。此外，棉田长势偏旺、贪青晚熟的棉田，施药越早、施药次数越多、剂量越大，脱叶效果越好。

四、脱叶催熟剂应用技术

脱叶催熟剂的使用时间和剂量直接影响脱叶催熟效果。喷施时间过早抑制棉花生长，影响棉花产量；喷施时间过晚，受施药后低温影响，脱叶催熟效果差，直接影响机采棉含杂率和机采效率。另外，喷施剂量不足影响达不到脱叶催熟效果，而过量则容易造成棉籽成熟度低、吐絮不畅，影响采收效率，且过量的脱叶剂易造成棉花叶片失水较快，枯而不落，增加机采棉杂质含量。

1. 技术要求

施药适期：施药前后 3~5 d 的日最低气温应不低于 12 ℃，日平均气温不低于 20 ℃；用药后 5~7 d 天气晴好，光照充足，日平均气温 16 ℃以上，棉田自然吐絮率达 30% 以上。北疆棉田棉区每年 9 月 5—10 日适时喷施，南疆每年 9 月 10—20 日适时喷施。

施药前准备：清除棉田中的障碍物、残膜残管和杂草等，尤其是龙葵等恶性杂草，以免机采时污染棉花，影响棉花等级。标记无法清除的障碍物。行车路线做到不重不漏。

药剂选择：脱叶剂选用符合标准的脱叶剂种类，催熟剂选用乙烯利，同时选择相应的药液助剂，以提高脱叶剂、催熟剂的附着力与渗透力。

安全防护：作业时要配戴口罩、保护镜和橡胶手套，穿保护性工作服，严禁吸烟和饮食。药瓶等各类包装物要集中放置，统一处理。

2. 施药要求

药剂用量：脱叶剂用量根据有效成分含量与助剂配比使用方法按药品说

明书使用。

正常棉田：每亩喷施50%噻苯隆可湿性粉剂20~30 g，40%乙烯利水剂80~100 mL；或每亩喷施540 g/L噻苯·敌草隆12~15 mL，40%乙烯类水剂80~100 mL；或每亩喷施50%噻苯·乙烯利悬浮剂120~150 mL。大型拖拉机施药，每亩兑水30~50 L；无人机施药，每亩兑水量为1~2 L。

贪青晚熟棉田：喷施2次，第一次施药量为药剂总量的50%~70%，第二次为药剂总量的40%~60%，间隔7~10 d。

配制母液：田间喷施前需将脱叶剂、催熟剂和助剂各自配成农药母液。准备3个大于15 L的水桶，桶内各加等量半桶清水，分别将脱叶剂、催熟剂和助剂倒入3个水桶中，边加药边搅拌，加药结束后，进行顺时针和逆时针回水搅拌，直至搅拌均匀。

配制用药：机载喷雾机药箱中应先加脱叶剂母液，然后加催熟剂母液，最后加脱叶剂助剂母液。加农药母液同时启动药箱内搅拌泵，然后机载喷雾机药箱进行二次加水至规定浓度并搅拌。严禁加水过满，药箱顶部必须加盖封闭；药液应随混随用，已混好的药剂不能隔夜放置。

用药方式：作业机具选择高地隙高架喷雾机等，悬挂牵引式喷杆喷雾机行走速度宜为4~5 km/h，大型自走式喷杆喷雾机行走速度宜为8~12 km/h。喷施药液要均匀，不重不漏。

无人机施药：选用植保无人机施药时，宜采用超微量高浓度喷洒，植保无人机在整个作业过程中应保持匀速和一定高度，航线高度不大于5 m，飞行速度为3~5 m/s，避免作业中的漏喷和重喷。植保无人机作业质量符合NY/T 3213—2023《植保无人驾驶航空器质量评价规范》要求。

3. 效果检查及采收

效果检查：喷药后6 h内若降雨，应根据降水量来确定重喷药量与适期，小雨或微雨不需要重喷。田间施药后3~5 d，检查如有漏喷并及时补施；5~7 d检查用药效果，脱叶率低、催熟效果差的宜第二次用药。

适时采收：当棉株吐絮率95%以上、脱叶率85%以上、籽棉自然含水率符合机采标准时及时采收。

第二节　病虫草害防治

一、病虫草害防治特点

棉花吐絮期病害主要有红叶茎枯病、烂铃病等。棉花红叶茎枯病与土壤、气候、营养及栽培等条件密切相关，早衰的田块发病较重，一般棉田病株率达5%~10%，重病地块达20%~30%，严重影响棉花的生产。棉花红叶茎枯病发病的主要原因是棉花吐絮期正处于旺盛的生殖生长时期，肥水供应不足，造成根系生长环境不良，棉株的抗逆性减弱，诱发棉花红叶茎枯病；其次是9月昼夜温差大及气温的急剧变化也可诱发棉花红叶茎枯病，该病7月、8月零星发病，9月中下旬至10月达到发病高峰。棉花烂铃病在种植密度大、长势旺、荫蔽重、棉铃虫为害重、吐絮初期遇连阴雨天气、土壤湿度大时易发生。烂铃发生的棉株部位是由下而上、由内向外发展，主要发生在下部1~5果枝上的内围铃，上部铃和外围铃很少。造成烂铃的主要原因一是病菌侵染，棉花烂铃主要由棉铃疫病、炭疽病、红腐病、红粉病和黑果病等多种病原菌引起；二是气候条件，8—9月高温、降雨，田间湿度增大，有利于病菌的繁殖和传播，棉铃内积水，易发生烂铃病；三是害虫为害，伤口是病菌入侵的主要途径，虫害重，病害也重，棉铃受伤后更易导致烂铃病的发生。棉铃虫等钻蛀性害虫形成的蛀孔，能为病菌的侵入创造适宜条件，加重棉花烂铃；四是栽培措施，氮肥施用过多，密度过大，高肥水旺长的棉田，由于荫蔽湿度大，通风透光不良，有利于病菌的繁殖侵入，烂铃病发生严重。

棉花进入吐絮期后，棉田害虫主要有棉铃虫、烟粉虱、棉叶螨、棉盲蝽、棉蚜等。棉田第三代（北疆）、第四代（南疆）棉铃虫在8月下旬至9月发生，主要为害部分生长旺盛、化控不好的棉花和晚熟棉花，蛀食大铃，造成霉变腐烂。此时发生的棉蚜称为秋蚜，一般发生轻，对棉花产量影响较小，但棉蚜分泌的蜜露可污染棉纤维，影响棉花品质。进入吐絮期后随着温度的下降棉株枯萎，棉叶螨开始出现滞育个体，逐渐转移至越冬场所准备越冬，棉盲蝽迁出棉田分散到秋作物或杂草上，棉田虫口数量开始下降。棉田烟粉虱的为害期从盛夏延至晚秋，最晚至11月上旬，随着棉叶老化干枯而逐渐结束，种群数量在8月下旬至9月上旬最大，此时正值棉铃膨大期，对棉花造成的损失极大。

秋季杂草因棉株个体成熟，棉行间相对荫蔽，杂草长势相对较弱，难以产生较大的为害，但多数杂草能生产大量种子，杂草种子成熟后易脱落，且种子小而轻，易于随风飞扬或随渠水漂流，为害面积扩大；具有根状茎、块茎或球茎等的多年生杂草，除了以种子进行有性繁殖外，还具有无性繁殖能力，如田旋花能生产种子，其地下部分也非常发达，纵横交错，地下茎可以生根发芽，繁殖力很强。因此，秋季杂草是田间杂草种子库的主要来源，同时也给棉花的机械采收带来一定程度的影响。

二、吐絮期病虫草害防治关键技术

1. 病害

对密度大、发生郁蔽的棉田，需要推株并垄 2~3 次，以降低田间湿度，控制烂铃，促进成熟。推株并垄，即将相邻的两行棉株并在一起成"八"字形，间隔 5~7 d 后，再将其向两边推开，这样棉花的两侧和行间地面均可接受较充足的阳光照射，从而起到促进棉铃成熟吐絮、减少烂铃的作用，推株并垄宜在晴天下午进行。

加快拾花进度，尽早腾地，将棉田地膜捡拾干净，用大马力机车深翻耕地，深度保持 60 cm 左右。土壤深翻作业，使土壤的病原菌与秸秆中的病残体埋入 50 cm 的深土中，能有效减轻棉苗立枯病、枯黄萎病等的发病率。

2. 虫害

深翻使地表和土壤耕层中越冬的害虫被翻入深土中，减少翌年棉铃虫、地老虎和棉叶螨等害虫的虫口基数。

3. 草害

大多数一年生杂草能产生数量巨大的种子，入秋后在杂草种子成熟前人工拔除田间草龄较大的杂草并带离棉田，避免成熟杂草种子落入田间，增加土壤中杂草种子库，加重翌年杂草防除难度。

秋季多年生杂草（如田旋花等）叶片合成的光合产物开始向地下根茎部转运，积累在根部准备越冬，此时用内吸传导型除草剂进行定向喷雾，有利于药剂向根部输导，达到根除杂草的目的。最佳防除时间掌握在 9 月上中旬，施药过早对棉花影响较大，施药过晚杂草吸收能力减弱，影响药效。药液的浓度不宜过大，否则迅速杀死地上部分，药剂向根部输导转运也即停止，防除不彻底，应采用少量多次的方法，尽可能在根部积累较多的药量。

第七章

"宽早优"棉花采收期管理技术

第一节 机械化采收技术

一、采收适期标准

棉花要适时采收,一方面是为了保证棉纤维品质,避免吐絮后时间过长造成纤维劣化、质量下降而影响纤维品级;另一方面是为了减少损失、保证产量,过长时间挂枝的吐絮棉桃,因风、雨、虫、光等因素影响,降低品质的同时部分棉瓣纤维下垂甚至掉落,加大机械采收时的损失率,从而降低产量。此外,在不打脱叶催熟剂的前提下,不同时期的棉桃吐絮期差距较大,吐絮早的过度风干后增加了自然环境的因素影响而降低品质或产量;吐絮晚的因纤维失水过程不足造成收获籽棉含水量过高而影响纤维形成过程品质。因此,棉花采收要适时,既不能过早,也不能太迟,才能确保质量与产量。

目前,新疆棉花机械采收水平越来越高,普遍采取适期喷施脱叶催熟剂,提高了棉桃的吐絮率,从而实现机械采收的棉田吐絮更集中。一般情况下,应在喷施脱叶催熟剂后棉田脱叶率达到90%以上,吐絮率达到95%以上,籽棉自然含水率符合机采标准时及时采收。最好在采收日10—24时采收。

为保证机采的适宜期,可根据采棉机的作业能力和进程,在品种选择、播种期上适当搭配,以延长机械采收的适宜时间。同时,应及时掌握机采棉田的成熟程度,合理安排采收时间。对已成熟的棉田调集采棉机集中采收,以保证采收质量,同时形成规模优势,使采棉机发挥最佳工作效率。

二、采收前准备

(一)田间准备

查看需要采收棉田周边通行的道路、桥梁是否能保障采棉机安全通过,采棉机行走路线上电缆线必须高于采棉机2 m以上，避免从高压线下通过；凡是采用沟灌的棉田要把田间横埂、引渠填平，有碍于采棉机通过却不能清除的作出明显标志；棉田内有无飘移的残膜、滴灌带及杂草、杂物等，若有应及时彻底清除并置于地外，用土压实压好支管处的残膜和滴灌带，防止对棉花造成污染。

合理计划采棉机采收路线，并对采棉机调头区域进行人工采摘设置出10 m以上的转向带，对不规则的地边、地角进行人工采摘，人工采摘或扶起严重倒伏的棉株等。配备好打模、拉运和存放籽棉的拖车和场地，规划好运棉路线预案；对于未采用采收打包一体机的棉田，计划安排好堆放与转运籽棉区域，以减少损失。

（二）机械及人员准备

采收前必须对驾驶人员进行严格、全面的驾驶培训，使其熟练掌握采棉机工作原理、性能，以及保养、维修技术和实际操作要领。每台采棉机要求配备3名专职驾驶操作人员，有驾驶证、上岗证方可上岗；驾驶人员必须通过专业技术培训具有一定操作经验和技术水平、有责任心、事业心的人员。每台采棉机须有一名助手，负责机采质量及必要的辅助工作。

为采棉机拉水、拉油、服务的机车要确保安全、到位。对采棉机进行调整和全面技术保养，加足油、水、润滑油、清洗液，并配齐必要的保养和清洗工具。

（三）运输车辆准备

根据条田棉花产量、运输距离和采棉机工作效率配备运棉车，保证及时卸棉（一般情况按每台采棉机配4辆运棉车）；拖拉机工作必须正常，达到"五净四不漏"标准，必须安装防火罩。拖拉机与拉运拖斗连接可靠，必须安装安全销、安全链、防护网、灯光设备、制动装置、反光条等设施，所有设备必须可靠有效。拖车门关闭结构灵活可靠、严实。拖车必须配备棉花盖布及8 kg灭火器。

三、采收时田间管理

（一）棉田要求

棉田的棉花种植模式要根据采棉机的采收模式进行种植。地面较平坦，最好使用激光平地机平整土地；棉田地面应保证没有沟渠、大的田埂，要将无法清除的障碍物处作出明显的标记。

采收前需对棉花进行化学脱叶催熟处理，并达到脱叶催熟标准，棉株上应无塑料残物、化纤残条等杂物。

棉株直立不倒伏，适宜高度60~80 cm，棉株最下部棉铃距地面15~

18 cm 以上。设立采棉机转弯带，避免机车碾压棉株。

（二）机采操作要求

机采时，采棉机行走路线要准确，要按照播种机播幅采收，严禁跨播幅采收，做到不错行、不隔行，棉行中心线应与采摘头中心线对齐，以减少撞落棉损失。

严格控制采收作业速度。在棉株正常高度（70~90 cm）时，作业速度 5~5.5 km/h；当采收 70 cm 以下、90 cm 以上棉株时，作业速度不能超过 3.5 km/h，若速度过快，下部或顶部棉花很容易漏采或撞落，降低采净率。

适当调整采棉工作部件，应在保证采收籽棉含杂率不超过 10% 的前提下，尽量提高采净率。

严防机车漏油或加油时洒油污染棉花的现象发生。

（三）人员安全要求

对相关人员进行安全知识培训，非驾驶人员不得随意上采棉机进行作业（包括拉运棉花机车驾驶员）。

采棉机工作人员作业时必须穿紧身工作服，机械在运转状况下不得排除故障，非机组人员不得随意靠近运转的机车，或上下爬行。

在机采作业区内，任何人不得躺卧休息，随时避让作业机械；采棉机作业时，严禁人员在摘台前和拉运机车前活动；采棉机空运转时，严禁排除各种机械故障；拉运棉花的拖车上严禁乘人，并注意行车安全。

采棉机作业时，必须有安全人员跟机检查。在作业区内的任何人必须服从机组安全人员对违反安全行为的劝阻。

（四）防火安全要求

驾驶操作人员进行上岗前技术培训和防火安全教育，提高操作人员的技术水平和防火安全意识。

每台采棉机必须配 1 名专职消防安全员，全面负责采棉机上的防火安全工作，适时检查作业时易发生火情的相关部件，及时发现或处理火灾隐患。

每台采棉机上应配备不少于 4~6 个 8 kg 磷酸铵盐灭火器，用于初期火情的自救和控制。

每个采棉作业区域内，配备至少 1 台经改装带机动高压泵的机动水罐车，水罐容量不少于 4 m³，停放在采棉机作业区域内，以备灭火急用，配备 1 台加水使用的加水泵（消防泵）。

发现火情时，防火安全员应立即组织机车驾驶操作人员进行自救，并迅速指挥调动区域内的备用水罐车进行扑救。

严禁在采棉机上和拉运棉花的机车上吸烟，采收作业区约 100 m 内严禁吸烟。夜间严禁使用明火照明。

采棉机采摘作业，夜间停车时严禁采摘的棉花在采棉机棉箱过夜，以防安全隐患，确保采棉机的安全。

（五）检查清理与调整要求

作业过程中要及时清理采摘头、脱棉盘及棉刷之间的杂物，及时清扫棉箱外的杂物。

采摘头倾斜度：当采摘头处于工作状态时，采摘头前滚筒应低于后滚筒，在正常状况下，凯斯车型采棉机前滚筒低于后滚筒约 51 mm。迪尔车型采棉机前滚筒应低于后滚筒 19 mm。

植株压紧板与摘锭间隙：根据不同的棉株条件调整压紧板，在压紧板弹簧有效时，调整为前三孔后四孔，切勿使压紧板与摘锭接触，始终保持压紧板与摘锭的间隙。迪尔型为 3~6 mm，凯斯车型为 6.4 mm。

脱棉盘的调整：工作中脱棉盘间隙会随着脱棉盘的磨损而变大，需经常检查调整脱棉盘间隙。棉箱装满待卸或条件允许时，要检查脱棉盘间隙。

润湿器压力、清洗刷的调整：工作中应根据棉花湿度来调整润湿器清洗液的压力，在地头转弯时要加大水压清洗摘锭。

工作中要经常检查调整毛刷与摘锭的间隙，保证在垂直方向上，所有翼片与摘锭刚好接触。同时，应经常检查传动皮带和风机皮带的张紧度，一般保持皮带挠度 7 mm。

每卸载两次棉箱必须清洗脱棉盘、采摘头、输棉道及淋润器清洗滤网。

四、棉花打模过程中田间管理

（一）打模场地要求

方便作业，地势平坦，便于安全防护。地面结实，利于打模机反复踩实。留有足够的机车运输、转弯的距离。

（二）棉模要求

保证棉模较高的压实度。棉模呈南北方向放置，有利于防水和防风，棉模之间要留出通风通道，同时保证消防设施齐全。建立棉模档案，记录棉农信息、棉花品种、采摘打模日期、回潮率、含杂等信息。棉模的温度要勤检查，根据时间先后和温度高低合理安排加工的棉模。防止棉模内部温度升高，当温度超过 20 ℃时立刻轧花。棉模裹紧罩布，形成完整的罩盖。

五、采收作业质量标准及验收

作业质量标准：采净率≥95%，损失率低于 4.5%，其中，挂枝率≤0.8%、遗留棉≤1.5%、撞落棉≤1.7%、含杂率≤12%、含水率≤12%。

作业质量检查验收：建立质量检查制度。由相关领导或技术人员、农户、机组人员共同组成验收小组，检查机组是否按技术要求进行作业，作业质量是否达到技术指标，对照质量标准进行综合评价，并在验收单上签字。

在机车进地前对地块进行检查，主要内容有脱叶率、吐絮率等情况。每50亩地选取2个样点，超过100亩的地块应选取5个样点。对机采验收合格的棉田，要进行人工清田，以便减少损失浪费。对采收质量如有分歧，由县乡机采棉领导小组进行协调、仲裁。

第二节 "宽早优"机采棉生产

一、品种选择

品种选择是根据气候条件、种植模式、管理方式、机械作业等因素来进行比较与筛选，只有适宜的品种配套相应的技术措施，才有可能获得高品质、高产量的棉花。棉花机械化采收是全程机械化的重要环节，也是新疆规模化植棉、节本增效的关键因素。结合"宽早优"种植模式，需要对机采棉品种的选择提出相应的标准，使优良品种与"宽早优"模式、采棉机性能相协调，最大限度发挥整体效能，促进良种推广，农艺农机结合有利于机械化采收的技术推广，有利于完善"宽早优"机采棉花的规范化、标准化体系；通过"宽早优"机采技术水平的提高，促进全程机械化，乃至棉花产业的可持续发展。

1. 品种长势

品种生长势强，具有充分利用地力和"宽早优"模式的潜力；以杂交种或杂交种二代或类似的常规品种为宜。

2. 纤维品质

品种的纤维长度加工损伤后可满足用棉要求，其品质值应大于或等于品质目标值与损伤值之和（现行加工技术和工艺流程使棉纤维长度损失1 mm，纤维比强度至少损失1 cN/tex，纤维整齐度指数损失2~3个百分点）。为保证机采棉品质，一般上半部纤维长度≥31 mm，断裂比强度≥30 cN/tex，马克隆值3.5~4.5，整齐度指数≥85%；籽棉衣分≥40%。

3. 丰产稳产性

棉株生长势强，且早熟、不早衰、个体健壮、可充分利用"宽早优"营造的环境条件；年度间高产（皮棉2 250 kg/hm² 以上）且稳定，除重大灾害外均能实现预期产量目标。

4. 株型特征

株型一般不过于松散又不过于紧凑，为相对紧凑的Ⅱ式果枝、果枝节间长度 7~10 cm 为宜；结合肥水和化控，大田株型达到"相对紧凑"标准。

株高：滴灌棉花株高 90~100 cm。

果枝始节高度：吐絮铃果枝始节高度 20 cm 以上。

叶型：叶片硬朗上举，叶片的大小和厚度适中，叶片表面茸毛少等。

群体特性：适宜 76 cm 等行距"宽早优"模式，滴灌高产棉田理论种植密度 14.6 万~18.8 万株/hm^2（以收获株数 85% 计为 12.4 万~16.0 万株/hm^2），最适最大叶面积指数（LAI）为 4.2~4.5。

5. 早熟性

生育期：较手工采收常规品种平均缩短 15 d 左右；要求特早熟 110 d，早熟 120 d，早中熟 125 d 以内，并在同一机械化采收区对不同熟性棉花品种合理布局和搭配，以便于依次采收。

吐絮要求：最佳结铃期结铃 90% 以上，吐絮快而集中，平均吐絮期在 35~40 d；含絮力中等，铃壳开裂度大小合适。

脱叶催熟对早熟性要求：当适宜喷施脱叶催熟剂时（连续 7~10 d 日平均气温 20 ℃左右），棉株自然吐絮率在 40% 以上；脱叶催熟后 20 d 左右达到机采指标：吐絮率 95% 以上，脱叶率 95% 以上。

6. 抗性

抗病虫性：具有抗当地主要病虫害的特性，保证棉株健壮整齐，病虫为害轻。

抗风性：茎秆粗壮，花铃期—吐絮期在强风（6 级风，风速 10.8~13.8 m/s）下主茎弯曲度≤29.9°，且恢复力强。

抗倒性：茎秆壮韧抗倒，倒伏的年遇率和倒伏率在 10% 以下。

抗旱性：抗旱、耐旱性强，在一定水分范围内，棉株可正常生长发育。

耐盐碱：在盐碱棉田，培育耐盐碱的棉花品种，中度盐碱化棉株生长发育基本正常。

稳长性：在水肥正常范围内，棉株能健壮地生长发育，具有较强的早发、稳长、早熟、不早衰的特性，特别是温光高能期结铃强度高。

对脱叶催熟剂敏感性：对脱叶催熟药剂较敏感，喷施后营养传递迅速，且落叶快、吐絮集中；或后期具有自然落叶的特性；脱叶催熟效果不低于 GB/T 21397—2008《棉花收获机》要求，满足采棉机作业条件。

7. 机采特性

吐絮畅易采收，不卡壳；风吹、碰撞不脱絮；烂铃僵瓣少。茎枝铃壳有弹性，机采过程不断裂，含杂少。采净率>92%，籽棉含杂率<8%。

二、机采棉"集中成熟"技术

为满足机械采收一次收获尽可能多的吐絮铃，从而提高机采效率和机采棉质量，就要求棉株从开始吐絮到吐絮结束（或吐絮90%时）的时间短而集中，即"集中成熟"。

1. 机采棉集中成熟指标

在充分利用前期热能资源的基础上，实现棉花早发早熟，从棉株第一个棉铃吐絮至吐絮90%以上的时间30 d左右，不超过35 d；当棉田自然吐絮40%以上，日平均气温在15 ℃以上，经脱叶催熟后20 d左右，满足机采条件要求（脱叶率95%以上，脱絮率95%以上，籽棉含水率<12%）。

2. 集中成熟技术

选用早发早熟、集中成熟的品种：生产实践证明，一般早熟品种具有早发早熟的特性，开花结铃速度快的品种，有利于集中吐絮成熟。因此，选用具有该特性的品种，可为集中成熟奠定基础。

打好播种基础，促进前期早发：采取秋冬蓄水、早春耙糖、足墒下种等提高地温，使早发芽、早出苗；种子精选分级、单粒穴播、浅播精盖促个体发育；适期早播、宽膜覆盖等促进前期发育。

确定适宜密度，调整群体的集中开花结铃期：依据当地的温光资源和代表品种的生育进程，计算出目标产量的总铃数，以及最佳开花结铃时段达到总铃数90%以上所需要的株数，通过适宜的群体结构，实现光温最佳时段集中开花结铃，实现集中成熟。

加强花铃期管理：一是膜下滴灌、水肥耦合，给棉株的开花结铃提供充足的水肥条件；二是开展叶面喷洒硼肥、锌肥等叶面肥；三是采取以水肥调控为主，化学调控为辅的调控措施，调节养分集中向棉铃供应；四是结合密度和温度条件，适时早打顶或化学封顶，集中养分向优质铃供应；五是做好病虫害防治，保障棉株正常生长发育。

吐絮后管理：吐絮后叶面喷肥防早衰，适时停水防旺长，促进棉铃发育；适时喷洒脱叶催熟剂，人为调节集中成熟、脱叶。

参考文献

阿不都卡地尔·库尔班,陈平,程强,等,2018. 喷施脱叶剂对不同停水时间机采棉脱叶效果及纤维品质的影响 [J]. 新疆农业大学学报,41 (3): 157-163.

阿不都卡地尔·库尔班,夏东,张巨松,等,2019. 滴灌频次对化学脱叶棉花产量和品质影响机制的研究 [J]. 作物杂志 (4): 113-119.

白志坤,高山,陈兵,等,2023. 无人机喷施化学打顶剂对棉花生长发育及产量品质的影响. 江苏农业科学, 51 (18): 75-82.

蔡晓莉,曾庆涛,刘铨义,等,2014. 机采杂交棉等行距高产机理初探 [J]. 新疆农垦科技, 37 (11): 3-5.

陈发,1999. 新疆棉花机械化技术发展现状、问题及对策 [J]. 新疆农机化 (6): 24-26.

陈冠文,杨秀理,张国建,等,2014. 论新疆棉花高产栽培理论的战略转移——机采棉田等行距密植的优越性和主要栽培技术 [J]. 新疆农垦科技, 37 (4): 11-13.

崔岳宁,高振江,杨宝玲,2016. 不同行距种植模式下机采棉品质比较分析 [J]. 中国农机化学报, 37 (7): 235-240.

尔晨,林涛,张昊,等,2020. 行距对机采棉干物质积累及氮磷利用效率的影响 [J]. 棉花学报, 32 (1): 77-90.

范文波,江煜,吴普特,等,2011. 新疆石河子垦区 50 年气候变化对棉花种植的影响 [J]. 干旱地区农业研究, 29 (6): 244-248.

贵会平,董强,张恒恒,等,2018. 棉花苗期耐低氮基因型初步筛选 [J]. 棉花学报, 30 (4): 326-337.

李付广,2019. 全产业链布局推进中国棉花提质增效及提升国际竞争力 [J]. 农学学报, 9 (3): 6-10.

李建峰,王聪,梁福斌,等,2017. 新疆机采模式下棉花株行距配置对冠层结构指标及产量的影响 [J]. 棉花学报, 29 (2): 157-165.

林嫯，王冀川，虎宝，2022．化学封顶剂在棉花生产中的应用．农业科技与装备（2）14-16．

娄春恒，1989．新疆棉花地膜覆盖栽培技术的引进与推广［J］．新疆农业科学（1）：2-4．

娄善伟，董合忠，田晓莉，等，2021．新疆棉花"矮、密、早"栽培历史、现状和展望［J］．中国农业科学，54（4）：720-732．

麻向阳，丁宸旸，吕新，等，2023．机采棉种植模式对脱叶剂雾滴截获、脱叶效果和产量的影响［J］．石河子大学学报（自然科学版），41（2）：177-185．

马奇祥，侯新河，鲁传涛，等，2008．新疆建设兵团杂交棉制种技术的改进［J］．中国棉花（1）：29-30．

马奇祥，孔宪良，鲁传涛，等，2008．新疆杂交棉的适宜密度试验［J］．中国棉花（2）：16-17．

孟璐，杜明伟，田晓莉，等，2019．缩节胺处理对棉花脱叶催熟剂应用效果的影响［C］//中国农学会棉花分会．中国农学会棉花分会40年征文暨2019年年会论文汇编．中国棉花杂志社：1．DOI：10.26914/c.cnkihy.2019.107276．

庞念厂，魏晓文，贵会平，等，2017．棉花株式图APP田间记录系统与初步统计［J］．中国棉花，44（8）：16-18，21．

齐海坤，王赛，徐东永，等，2020．不同棉区棉花DPC化学封顶技术研究［J］．棉花学报，32（5）：425-437．

秦宁，2022．脱叶剂敏感棉花种质的筛选及脱叶相关基因的挖掘和初步验证［D］．阿拉尔：塔里木大学．

阮康，2021．''宽早优''模式下不同施氮量对棉花产量及环境效应的影响研究［D］．北京：中国农业科学院．

单延，2019．超宽膜等行距种植模式对棉花产量及品质的影响试验［J］．新疆农垦科技，42（11）：6-7．

万燕，吴九林，周宇，2010．光照对棉花生长发育作用的研究进展［J］．安徽农业科学，38（2）：725-727．

王爱玉，薛超，马亚杰，等，2022．不同施药器械喷施棉花脱叶催熟剂的效果比较［J］．中国棉花，49（10）：16-19．

王春义，雒珺瑜，张帅，等，2018．北疆76 cm等行距和宽窄行模式的棉花害虫发生差异［J］．中国棉花，45（2）：31-32．

王聪，2015．棉花机采模式下行距变化对植株生长发育和产量形成的影响［D］．石河子：石河子大学．

王刚，张鑫，陈兵，等，2016. 影响棉花化学打顶施药机车喷雾效果与产量的多因素分析［J］. 中国棉花，43（4）：11-13.

王俊铎，郑巨云，梁亚军，等，2022. 改革开放以来新疆植棉区现代植棉技术概述，棉花科学，44（4）：3-10.

王林，张强，马江锋，等，2021. 新疆棉区植保无人机喷施棉花脱叶催熟剂效果研究［J］. 棉花学报，33（3）：200-208.

王士领，陈兵，陈勇，等，2021. 棉花打顶期无人机和机车喷施缩节胺化调对比试验［J］. 新疆农垦科技，44（2）：35-36.

王香茹，张恒恒，胡莉婷，等，2018. 新疆棉区棉花脱叶催熟剂的筛选研究［J］. 中国棉花，45（2）：8-14.

王香茹，张恒恒，庞念厂，等，2018. 新疆棉区棉花化学打顶剂的筛选研究［J］. 中国棉花，45（3）：7-12，31.

辛明华，李小飞，韩迎春，等，2020. 不同行距配置对南疆机采棉生长发育及产量的影响［J］. 中国棉花，47（2）：13-17.

姚源松，1990. 新疆棉花高产优质栽培的主要途径［J］. 新疆农业科学（1）：17-18.

张恒恒，王香茹，胡莉婷，等，2020. 不同机采棉种植模式和种植密度对棉田水热效应及产量的影响［J］. 农业工程学报，36（23）：39-47。

张西岭，宋美珍，贵会平，等，2017. 我国植棉技术标准化现状及展望［J］. 棉花学报，29（增刊）：72-79.

张西岭，宋美珍，王香茹，等，2020. 新疆"宽早优"机采棉优质高效综合栽培技术［J］. 中国棉花，47（9）：34-37，40.

张西岭，王光强，宋美珍，2021. 新疆"宽早优"植棉［M］. 北京：中国农业科学技术出版社.

赵红军，马辉，戴路，等，2021. 新疆阿克苏地区陆地棉化学封顶配套栽培技术［J］. 中国棉花，48（9）：37-38.

附 录

《"宽早优"机采棉优质化生产技术规程》

(昌吉回族自治州地方标准 DBN6523/T 231—2018)

1 范围

本标准规定了机采棉优质化生产技术的术语定义、生产目标、基本要求、优质化生产、机械采收和加工等。

本标准适用于纤维品质指标优良、"宽早优"棉花机械化采收的优质化生产,其他类似地区可参照执行。

2 规范性引用文件

下列文件对于本文件的应用是必不可少的。凡是注日期的引用文件,仅所注日期的版本适用于本文件。凡是不注日期的引用文件,其最新版本(包括所有的修改单)适用于本文件。

GB 4407.1 经济作物种子 第1部分 纤维类

GB 8321 农药合理使用准则

GB 13735 聚乙烯吹塑农用地面覆盖薄膜

NY 400 硫酸脱绒与包衣棉花种子

NY/1133 采棉机 作业质量

NY/T 1276 农药安全使用规范 总则

NY/T 1384 棉花泡沫酸脱绒包衣技术规程

DBN6523/T 233 "宽早优"植棉 种子质量标准

3 术语与定义

下列术语和定义适用于本标准。

3.1 "宽早优"植棉 "kuanzaoyou" planting cotton

宽等行种植、促早发早熟、品质优良的植棉方式。具体是:76 cm 等行距种植、增强立体采光(株高 70~80 cm,株间通风透光),促早发(4月苗、5月蕾、6月花、7月铃)、早熟(8中下旬吐絮,喷洒脱叶剂时自然吐絮率达 40%以上,且不早衰),生产优质原棉的植棉方法。

3.2 优质化生产 high-quality production

实现"优质棉"纤维品质指标的生产过程。

3.3 优质棉 high-quality cotton
符合纺织工业需要，各纤维品质指标匹配合理的棉花。

3.4 机采籽棉 machine harvested cotton
采用棉花采收机采收的籽棉。

3.5 原棉 raw cotton
供纺织厂作纺织原料等用的皮棉。

3.6 宽等行 wide equal line
行距相对"矮密早"植棉模式的行距较宽，且宽度相等，是区别于宽行、窄行相间种植的一种种植方式。

3.7 精量播种 precision sowing
使用棉花精量播种机械，按照栽培要求将预定数量的高质量棉花种子每穴1粒播种。

4 生产目标

4.1 品质目标
机采的籽棉质量优于 NY/T 1133—2006《采棉机 作业质量》指标；收获的籽棉在加工过程中，经籽清、皮清的次数较常规机采棉减少；优质原棉比例90%以上。纤维品质达到 AA 级以上，其中，纤维长度30 mm、长度整齐度指数≥83、断裂比强度≥30 cN/tex、马克隆值3.7~4.9。

4.2 产量目标
皮棉产量 2 200 kg/hm² 以上，自然吐絮率不低于85%。

5 基本要求

5.1 气候条件
早熟、特早熟棉区，喷洒脱叶剂时棉株自然吐絮达30%~40%的要求。

5.2 灌排条件
田地配套灌排系统、水源能满足棉花生育期需水量及冬春灌需求。

5.3 田块条件
棉田长度、宽度、面积、平整度符合或优于采棉机作业条件要求；土壤肥力中等以上。

5.4 区域化种植
依据气候、土壤、生产条件等在一个区域内规划种植1~2个棉花品种，并分区种植。

6 优质化生产技术

6.1 品种选择
6.1.1 选用品质优良（籽清、皮清后达到预定品质目标）、适合机械采收、高产、抗病、抗逆性强的早熟或特早熟棉花品种；利用现代育种技术，加快培育与机采相吻合且符合上述要求的新品种进程。

6.1.2 种子质量符合 DBN6523/T 233《"宽早优"植棉 种子质量标准》的规定，优于 GB 4407.1《经济作物种子》、NY 400、NY/T 1384《棉种泡沫脱绒、包衣技术规程》的指标，符合种子精选、粒重分级、分区播种技术要求。

6.2 宽等行种植

按照"宽早优"植棉技术要求，实行 76 cm 或 86 cm 宽等行距种植；采用铺管（滴灌管带）、铺膜、压膜、精量穴播、播种行覆土等一体机播种，每行 1 条滴灌带，采用膜厚≥0.01 mm，拉力、强度优于 GB 13735—2017《聚乙烯吹塑农用地面覆盖薄膜》的地膜，行上覆膜的一膜三行，膜宽 2.05 m（76 cm 等行距）。

6.3 减株增高

减株：高产棉田（皮棉产量 2 250~3 000 kg/hm² 以上），播种密度 13.5 万~15.0 万株/hm²，等行距 76 cm，株距 8.77~9.75 cm；一般棉田（皮棉产量 1 500~2 250 kg/hm²），播种密度 13.5 万~18 万株/hm²，等行距 76 cm，株距 7.31~9.75 cm；株高增至 90~100 cm，单株保留果枝 7~9 台，7 月 1 日打顶结束。

6.4 促早发早熟

6.4.1 适期早播

当膜下 5 cm 地温连续 3 d 稳定通过 12 ℃时即可播种，正常年份在 4 月 5—20 日间为宜。

6.4.2 播种深度

播深 1.5 cm，覆土厚度 1~1.5 cm。

6.4.3 提高整地和播种质量

整地质量：秋季翻耕深 30 cm 左右，施足有机肥。春耕时结合耙地清除残膜等杂物；播前施用除草剂对土壤进行封闭处理。播种前土壤达到"平（土地平整）、齐（地边整齐）、松（表土疏松）、碎（土碎无坷垃）、墒（足墒）、净（土壤干净无杂草、秸秆、残膜等杂物）"的标准。

播种质量：铺膜平展紧贴地面，压膜严实，覆土适宜；滴水管带每行棉花一带，播种时确保迷宫朝上，滴头朝播种行，位置准确；铺膜压膜铺设管带不错位、不移位；播行端直，深浅一致，覆土均匀，接行准确，不漏不重；播量精准，空穴率 2% 以下，单粒率 95% 以上，出苗率 90% 以上。

6.4.4 水分管理

干播湿出田块及时滴出苗水，6 月上中旬适时滴头水，滴灌一般间隔 7~10 d，视墒情、苗情和天气适当调整。8 月下旬至 9 月上旬停水。

6.4.5 养分供应

棉花生育期每公顷施入氮（N）240~300 kg、磷（P_2O_5）120~150 kg、钾（K_2O）180~200 kg。其中，氮肥的20%、磷肥的50%~60%可作基肥，其余的作追肥。

根据棉花长势和土壤质地，结合滴灌耦合追施磷钾肥，初花期追施30%~40%、花铃期追施60%~70%。补施硼、锌等微量元素肥料每公顷15~30 kg。

6.4.6 化控

膜下滴灌棉田子叶期至2片真叶期化控，每公顷缩节胺（98%甲哌鎓）用量4.5~7.5 g加水适量喷叶，弱苗可不调；5~7叶期每公顷用缩节胺7.5~15.0 g，一般不超过22.5 g；盛蕾期每公顷用缩节胺22.5~30.0 g，若要灌水，可在灌水前2~3 d喷洒；花铃期采用水控与化控结合，只对点片较旺长的棉花喷施，一般不进行大面积的机力喷施；打顶后8~10 d用缩节胺120~225 g喷施一次，之后视长势确定是否喷施第二次。

6.4.7 病虫草害防控

病虫防控：采用农业防治、生物防治、物理防治、化学防治方法防治病虫为害，最大限度减少土壤和环境污染。化学农药防治按照GB/T 8321—2002《农药合理使用准则》、NY/T 1276—2017《农药安全使用准测》执行。

草害防控：检疫把关，严格控制检疫性杂草交互携带传播；清除田内及其田埂路旁杂草，控制繁殖扩散；高温腐肥，灭活杂草种子；结合田间中耕、开沟施肥灭除杂草；选用无污染、无残留的除草剂灭除杂草。

6.5 生育期揭膜回收

宜于棉花盛蕾初花期、滴头水前采用行间地膜回收机回收地膜，控制土壤和田间残膜；头水前未揭膜棉田，于打秆前和春季整地前机械和人工两次回收残膜，回收率80%以上。

6.6 机械采收

6.6.1 脱叶催熟

选择适宜催熟脱叶剂，于日平均气温在18 ℃以上、喷药时棉株自然吐絮率40%以上时喷透、喷匀棉株。

6.6.2 适时机采

采用采棉机收获，当棉株吐絮率95%以上、脱叶率95%以上、籽棉自然含水率符合机采标准时及时采收。采收时间控制在当日10—24时前采收。优质棉花采收一次完成，并单收、单运、单贮。采棉机操作人员要专业培训、熟练操作，严格操作规程。

6.6.3 异性纤维防控

收获前清除田间破碎地膜、废弃编织袋等,人工采收要使用棉布兜、棉布袋,头戴棉布帽,严防异性纤维混入。

6.7 加工

机采棉宜采用"即采即轧即清理"的方式;控制籽棉、皮棉清理次数,既保证清杂效果,又减少对纤维的损伤。

《"宽早优"机采棉生产技术规程》

（昌吉回族自治州地方标准 DBN6523/T 232—2018）

1 范围

本标准规定了"宽早优"机采棉的术语定义、生产目标、基本要求、栽培技术、收获等。

本标准适用于"宽早优"机采棉的区域，其他类似地区可参照执行。

2 规范性引用文件

下列文件对于本文件的应用是必不可少的。凡是注日期的引用文件，仅所注日期的版本适用于本文件。凡是不注日期的引用文件，其最新版本（包括所有的修改单）适用于本文件。

GB 4407.1 经济作物种子 第1部分 纤维类

GB 8321 农药合理使用准则

GB 13735 聚乙烯吹塑农用地面覆盖薄膜

NY 400 硫酸脱绒与包衣棉花种子

NY/T 1276 农药安全使用规范 总则

NY/T 1384 棉花泡沫酸脱绒包衣技术规程

DBN6523/T 233 "宽早优"植棉 种子质量标准

3 术语与定义

下列术语和定义适用于本标准。

3.1 "宽早优"植棉 "kuanzaoyou" planting cotton

宽等行种植、促早发早熟、品质优良的植棉方式。具体是：76 cm等行距种植、增强立体采光（株高70~80 cm，株间通风透光），促早发（4月苗、5月蕾、6月花、7月铃）、早熟（8月中下旬吐絮，喷洒脱叶剂时自然吐絮率达40%以上，且不早衰），生产优质原棉的植棉方法。

3.2 宽等行 wide equal line

行距相对"矮密早"植棉模式的行距较宽，且宽度相等，是区别于宽行、窄行相间种植的一种种植方式。

3.3 优质棉 high-quality cotton

符合纺织工业需要，各纤维品质指标匹配合理的棉花（NY/T 1426—2007《棉花纤维品质评价方法》定义3.8）。

3.4 精量播种 precision sowing

使用棉花精量播种机械，按照栽培要求将预定数量的高质量棉花种子每穴 1 粒播种。

4 生产目标

4.1 品质目标

优质棉比例 90% 以上。纤维品质达到 AA 级以上，其中，纤维长度 28 mm、长度整齐度指数 ≥ 83、断裂比强度 ≥ 28 cN/tex、马克隆值 5.0 以内。

4.2 产量目标

皮棉产量每公顷 2 200 kg 以上，自然吐絮率不低于 85%。

5 基本要求

5.1 气候条件

在昌吉早熟棉或特早熟棉区，满足喷洒脱叶剂时，棉株自然吐絮率达 30%~40% 的要求。

5.2 灌排条件

田地配套灌排系统、水源能满足棉花生育期需水量及冬春灌需求。

5.3 土壤条件

土壤质地主要以轻沙壤土、壤土、轻黏土为宜。地势平坦，土壤肥力中等以上。

6 栽培技术

6.1 播前准备

秋季翻耕深 30 cm 左右，施足有机肥。春耕时结合耙地清除残膜等杂物；播前施用除草剂对土壤进行封闭处理。播种前土壤达到"平（土地平整）、齐（地边整齐）、松（表土疏松）、碎（土碎无坷垃）、墒（足墒）、净（土壤干净无杂草、秸秆、残膜等杂物）"的标准。

6.2 播种

6.2.1 品种选择

选用符合生产目标，适应当地自然条件、生产条件，具有优质、抗病、丰产、抗逆等综合性状的早熟、特早熟品种。棉花种子质量应优于 GB 4407.1—2008《经济作物种子 第 1 部分：纤维类》、NY 400、NY/T 1384—2007《棉种泡沫酸脱绒 包衣技术规程》的规定，与"宽早优"植棉技术相配套，符合 DBN6523/T 233—2008《"宽早优"植棉种子质量标准》的规定。

6.2.2 播种期

当膜下 5 cm 地温连续 3 d 稳定通过 12 ℃时即可播种，正常年份在 4 月

5—20 日间为宜。

6.2.3 播种方式

采用铺管（滴灌管带）、铺膜、压膜、精量穴播、播种行覆土等一体机播种，要求每穴单粒率95%以上、空穴率2%以下。膜厚≥0.01 mm，膜宽2.05 m，一膜三行，76 cm等行距种植，每行1条滴灌带。

6.2.4 种植密度

高产棉田（公顷皮棉产量2 250~3 000 kg），播种密度13.5万~15.0万株/hm²，等行距76 cm，株距8.77~9.75 cm；一般棉田（公顷皮棉产量1 500~2 250 kg），播种密度15.0万~18.0万株/hm²，等行距76 cm，株距7.31~9.75 cm。株高增至70~80 cm，单株保留果枝7~9台，7月1日前打顶结束。

6.2.5 播种深度

播深1.5 cm，覆土厚度1.0~1.5 cm。

6.2.6 覆膜和播种质量

采用膜厚≥0.01 mm，拉力、强度优于GB 13735—2017《聚乙烯吹塑农用地面覆盖薄膜》的地膜，铺膜平展紧贴地面，压膜严实，覆土适宜；滴水管带每行棉花一带，播种时确保迷宫朝上，滴头朝播种行，位置准确；铺膜压膜铺设管带不错位、不移位；播行端直，深浅一致，覆土均匀，接行准确，不漏不重；播量精准，空穴率2%以下，单粒率95%以上，种子与膜孔错位率3%以下，出苗率90%以上。

6.3 田间管理

6.3.1 滴灌

干播湿出田块及时滴出苗水，6月上中旬适时滴头水，滴灌一般间隔7~10 d，视墒情、苗情和天气适当调整。8月下旬至9月上旬停水。

6.3.2 施肥

棉花生育期每公顷施入氮（N）240~300 kg、磷（P_2O_5）120~150 kg、钾（K_2O）180~200 kg。其中，氮肥的20%、磷肥的50%~60%可作基肥，其余的作追肥。

根据棉花长势和土壤质地，结合滴灌耦合追施磷钾肥，初花期追施30%~40%、花铃期追施60%~70%。补施硼、锌等微量元素肥料每公顷15~30 kg。

6.3.3 化控

膜下滴灌子叶展平时，结合防治蓟马第一次化控，喷施缩节胺（98%甲哌鎓）每公顷7.5~15.0 g；棉田2片真叶期旺长，每公顷缩节胺（98%甲哌鎓）用量4.5~7.5 g加水适量喷叶，弱苗可不调；5~7叶期旺长每公顷用缩节胺7.5~15.0 g，一般不超过22.5 g；盛蕾期每公顷用缩节胺22.5~30.0 g，若要灌水，可在灌水前2~3 d喷洒；花铃期采用水控与化控结合，只对点片较旺长的棉花喷施，一般不进行大面积的机力喷施；打顶后8~10 d用缩节胺120~225 g喷施一次，之后视长势确定是否喷施第二次。

6.3.4 打顶

单株保留果枝7~9台，株高控制在80~90 cm，早熟棉区7月1日前后为宜。

6.3.5 病虫害防治

采用农业防治、生物防治、物理防治、化学防治方法防治病虫为害，最大限度减少土壤和环境污染。化学农药防治按照GB/T 8321—2002《农药合理使用准则》、NY/T 1276—2007《农药安全使用规范》执行。

6.3.6 杂草防治

检疫把关，严格控制检疫性杂草交互携带传播；清除田内及其田埂路旁杂草，控制繁殖扩散；高温腐肥，灭活杂草种子；结合田间中耕、开沟施肥灭除杂草；选用无污染、无残留的除草剂灭除杂草。

6.4 脱叶催熟

选择适宜催熟脱叶剂，于日平均气温在18 ℃以上、喷药时棉株自然吐絮率40%以上时，喷透、喷匀棉株。

6.5 揭膜回收

宜于棉花盛蕾初花期、滴头水前，一般6月上中旬揭膜或切除边膜并回收，控制土壤和田间残膜；头水前未揭膜棉田，于打秆前和春季整地前机械和人工两次回收残膜，回收率80%以上。

7 收获

7.1 机械采收

棉花采摘采用采棉机收获，当棉株吐絮率95%以上、脱叶率95%以上、籽棉自然含水率符合机采标准12%以下及时采收，并单收、单运、单贮。采棉机操作人员要专业培训、熟练操作，严格操作规程。

7.2 异性纤维防控

收获前清除田间破碎地膜、废弃编织袋等，推广机械采收。如人工采收地头等环节要使用棉布兜、棉布袋、头戴棉布帽，严防异性纤维混入。

《"宽早优"植棉种子质量标准》

(昌吉回族自治州地方标准 DBN6523/T 233—2018)

1 范围

本标准规定了"宽早优"植棉种子质量的术语定义、质量要求、质量检验、检验规则、配套技术。

本标准适用于昌吉州棉区以及生产环境相似的植棉区。

2 规范性引用文件

下列文件对于本文件的应用是必不可少的。凡是注日期的引用文件，仅所注日期的版本适用于本文件。凡是不注日期的引用文件，其最新版本（包括所有的修改单）适用于本文件。

GB/T 3242—2012　棉花原种生产技术规程

GB/T 3543.2　农作物种子检验规程　扦样

GB/T 3543.7—1995　农作物种子检验规程　其他项目检验

NY 400—2000　硫酸脱绒与包衣棉花种子

3 术语与定义

下列术语和定义适用于本标准。

3.1　"宽早优"植棉 "kuanzaoyou" planting cotton

宽等行种植、促早发早熟、品质优良的植棉方式。具体是：76 cm等行距种植、增强立体采光（株高70~80 cm，株间通风透光），促早发（4月苗、5月蕾、6月花、7月铃）、早熟（8月中下旬吐絮，喷洒脱叶剂时自然吐絮率达40%以上，且不早衰），生产优质原棉的植棉方法。

3.2　种子 seeds

指用于棉花种植的材料和繁殖的材料，是用于棉花生产、有生命的生产资料。

3.3　毛子 fuzzy seeds

子棉经轧花、剥绒，其表面附着有短绒的棉子。参见NY 400—2000《硫酸脱绒与包衣棉花种子》。

3.4　脱绒子 naked seeds

经脱绒及精选后的棉子。通常又称光子。参见NY 400—2000《硫酸脱绒与包衣棉花种子》。

3.5 包衣种子 capsuled seed
将种衣剂均匀地包裹在脱绒子表面并形成一层膜衣的种子。参见 NY 400—2000《硫酸脱绒与包衣棉花种子》。

3.6 精量播种 precision sowing
使用棉花精量播种机械，按照栽培要求将预定数量的高质量棉花种子每穴1粒播种。

4 质量要求

4.1 毛子质量指标（见表1）。

表1 毛子质量指标　　　　　　　　　　　　单位:%

项目	纯度		净度	发芽率	水分	健子率	破子率	短绒率
	原种	良种						
质量指标	≥99.5	≥98.0	≥98.0	≥85.0	≤12.0	>85.0	≤5.0	≤9.0

4.2 光子质量指标（见表2）。

表2 光子质量指标　　　　　　　　　　　　单位:%

项目	纯度		净度	发芽率	水分	残酸率	破子率	残绒指数
	原种	良种						
质量指标	≥99.5	≥98.0	≥99.5	≥95.0	≤12.0	≤0.15	≤2.0	≤15.0

4.3 包衣子质量指标（见表3）。

表3 包衣子质量指标　　　　　　　　　　　单位:%

项目	纯度		净度	发芽率	水分	破子率	种衣覆盖度	短绒率
	原种	良种						
质量指标	≥99.5	≥98.0	≥99.5	≥95.0	≤12.0	≤2.0	≥95.0	≤99.65

4.4 光子和包衣子粒重（平均粒重的%）分级指标（见表4）。

表4 光子和包衣子粒重（平均粒重的%）分级指标　　　单位:%

项目	1级	2级	3级（不合格）
质量指标	90~120	80~89	<80 和>120

5 质量检验
光子和包衣子粒重分级方法：按照 GB/T 3543.2—1995《农作物种子检

验规程　扦样》和 GB/T 3543.7—1995《农作物种子检验规程　其他项目检验》第四篇规定方法执行，测定该品种的平均子指，1级和2级为合格种子，按级别在棉田分区播种，3级不作种子。其他按照 NY 400—2000《硫酸脱绒与包衣棉花种子》规定的方法执行。

6　检验规则

以品种纯度指标为划分种子质量级别的依据，纯度达不到原种指标降为良种，达不到良种指标即为不合格种子，即"宽早优"植棉不宜使用。如达不到本标准规定的良种指标，高于 NY 400—2000《硫酸脱绒与包衣棉花种子》规定的良种最低指标，若用于其他植棉方式可自选择；达不到 NY 400—2000《硫酸脱绒与包衣棉花种子》规定的良种纯度最低指标，即为不合格种子。

以发芽率等其他指标为划分种子质量级别的依据，达不到规定指标为不合格种子，不宜作"宽早优"植棉种子。

7　标志、包装、运输、贮存

按照 NY 400—2000《硫酸脱绒与包衣棉花种子》规定执行。

8　配套技术

8.1　执行 GB/T 3242—2012《棉花原种生产技术规程》，提高种子纯度和质量。

8.2　宜加强种子田管理，提高种子产量和质量。

8.3　加强种子精选，在保证种子质量的前提下，提高种子利用效果。

《"宽早优"植棉播种质量控制技术规程》

(昌吉回族自治州地方标准 DBN6523/T 274—2019)

1 范围

本标准规定了"宽早优"植棉模式下棉花播种质量的术语和定义、播前准备、播种要求、播种检查等技术规范。

本标准适用于昌吉棉区宽早优模式棉花播种质量控制技术规范。其他类似地区可参照执行。

2 规范性引用文件

下列文件对于本文件的应用是必不可少的。凡是注日期的引用文件，仅所注日期的版本适用于本文件。凡是不注日期的引用文件，其最新版本（包括所有的修改单）适用于本文件。

GB 4407.1　经济作物种子　第1部分：纤维类

GB/T 19812.1　塑料节水灌溉器材　第1部分：单翼迷宫式滴灌带

NY/T 1118　测土配方施肥技术规范

NY/T 1559　滴灌铺管铺膜精密播种机质量评价技术规范

DB65 3189　聚乙烯吹塑农用地面覆盖薄膜

DBN 6523/T 233　"宽早优"植棉种子质量标准

3 术语和定义

下列术语和定义适用于本标准。

3.1 精量播种 precision sowing

使用棉花精量播种机械，按照栽培要求将预定数量的高质量棉花种子每穴1粒播到棉田土壤中适当位置的播种技术方法。

3.2 空穴率 empty hole rate

播种过程中，按照单穴单粒的要求落入种子而因杂物代替或无种子落入造成空穴。空穴数与播种穴数的比例即为空穴率，以百分数表示。

3.3 错位率 dislocation rate

错位是指播种时种子落入种穴位置偏于一侧或地膜打孔位置与种孔不对应，造成种子发芽时顶膜出苗。错位穴数与播种穴数的比例即为错位率。

3.4 重播指数 replay index

重播是指播种时因二次种穴打孔而造成重复落入种子。重播穴数与应播种穴数的比例即为重播指数。

3.5 漏播指数 miss seeding index

播种过程中,按照密度与株距设计原则,应该进行膜上打孔并播入种子但未打孔和播种的为漏播。漏播距离除以株距为漏播穴数,漏播总穴数与应播总穴数的比例即为漏播指数。

4 播前准备

4.1 整地质量

前茬作物秋季翻耕深 30 cm 左右,施足底肥。春季适墒整地为待播状,清除残膜等杂物;播种前土壤达到"平(土地平整)、齐(地边整齐)、松(表土疏松)、碎(土碎无坷垃)、净(土壤干净无杂草、秸秆、残膜等杂物)"的标准。播前施用除草剂对土壤进行封闭处理。

4.2 种子质量

要求种子应确保棉田出苗率。棉花种子质量符合 DBN 6523/T 233 《"宽早优"植棉种子质量标准》要求。

4.3 地膜滴管

地膜质量符合 DB65 3189—2014《聚乙烯吹塑农用地面覆盖薄膜》要求;滴灌带质量符合 GB/T 19812.1—2017《塑料节水灌溉器材 第1部分:单翼迷宫式滴灌带》要求。

4.4 其他要求

应选用成熟度好、籽粒饱满、纯度高、生活力强的种子。精选后经种子包衣处理,种子形状、大小均匀一致,种子质量符合 DBN 6523/T 233—2018《"宽早优"植棉种子质量标准》要求。施肥应符合 NY/T 1118《测土配方施肥技术规范》要求。

4.5 种植方式

土壤肥力中等以上、水源条件有保障的地块,选用宽早优种植模式,一膜三行等行距 76 cm。

5 播种要求

5.1 播种密度选择

高产棉田播种密度 9 000~10 000 株/亩,株距 8.3~9.7 cm;一般棉田播种密度 10 000~12 000 株/亩,株距 7.3~8.3 cm。

5.2 播种日期确定

当膜下 5 cm 地温连续 3 d 稳定通过 12 ℃时即可播种,正常年份在 4 月 5—20 日间为宜。

5.3 播种方式

采用机械膜上精量点播机进行播种,一穴一粒。先播后覆土,播种深度

1.0~1.5 cm；侧播播种深度 2.0~2.5 cm。播行端直，深浅一致，覆土均匀，接行准确，不漏不重，播量精准，出苗率90%以上。

5.4 播种机具

正式播种前要对精量点播机进行调试，装载种子时注意防止杂物堵塞种子管等，并对播种穴盘空转至种子正常下落。

6 播种检查

6.1 检查方式

初播后随机抽查连续20穴，检查种子播种深度、空穴率、错位率、覆土情况等，发现问题，调整机械，及时更正，确保播种出苗。

6.2 空穴率

空穴率2%以下，单粒率95%以上。开播后空穴率高时，要及时检查种箱是否有异物堵塞及落种是否顺畅。

6.3 质量要求

6.3.1 下种均匀，深浅一致。精量播种1穴1粒，播种深度一致，一般播深2~3 cm，干播湿出的棉田播种后应及时滴出苗水。

6.3.2 重播指数≤5%，漏播指数≤2%，错位率≤3%，播种深度合格率≥95%，覆土厚度合格率≥98%。

6.4 铺膜铺管

铺膜平展紧贴地面，边膜压实；覆膜后要及时封压土带，防止大风揭膜。覆土时不可把采光面都盖严，采光面积60%以上。滴灌带三行三带，播种时确保迷宫朝上，滴头朝播种行，位置准确；铺膜压膜铺设管带不错位、不移位。滴灌铺管铺膜质量符合 NY/T 1559—2007《滴灌铺管铺膜精密播种机质量评价技术规范》技术要求。

《"宽早优"机采棉脱叶催熟技术规程》

(昌吉回族自治州地方标准 DBN6523/T 275—2019)

1 范围

本标准规定了宽早优机采棉脱叶催熟技术的术语和定义、技术要求、施药要求和脱叶检查标准。

本标准适用于昌吉棉区宽早优植棉模式机采棉脱叶催熟技术操作。其他地区可参照执行。

2 规范性引用文件

下列文件对于本文件的应用是必不可少的。凡是注日期的引用文件,仅所注日期的版本适用于本文件。凡是不注日期的引用文件,其最新版本(包括所有的修改单)适用于本文件。

NY/T 3213—2018 植保无人飞机 质量评价技术规范

3 术语和定义

下列术语和定义适用于本标准。

3.1 棉花脱叶催熟 cotton defoliation ripening

在棉花吐絮期,为了棉花机械收获作业而采用化学药剂对棉花植株上的叶片调控促其提前落叶、棉铃集中吐絮的手段,是机械采收前的必要环节,从而提高棉花机械采收效率、降低机采棉杂质含量。

3.2 农药母液 pesticide mother liquor

将农药原液按照配制倍数,加入一定质量或一定体积的水或其他稀释剂配制而成的药液,以便配制更高稀释倍数的药液。

4 技术要求

4.1 施药适期

施药前后 3~5 d 的日最低气温应不低于 12 ℃,日平均气温不低于 20 ℃;用药后 5~7 d 天气晴好,光照充足,日平均气温 16 ℃以上;棉田自然吐絮率达 30%以上。

4.2 施药前准备

清除棉田中的障碍物、残膜残管和杂草等,尤其是龙葵等恶性杂草,以免机采时污染棉花,影响棉花等级。标记无法清除的障碍物。行车路线做到不重不漏。

4.3 药剂选择

脱叶剂选用符合标准的脱叶剂种类,催熟剂选用乙烯利,同时选择相应的药液助剂，以提高脱叶剂、催熟剂的着附力与渗透力。

4.4 安全防护

作业时要戴口罩、保护镜和橡胶手套，穿保护性工作服，严禁吸烟和饮食。药瓶等各类包装物要集中放置，统一处理。

5 施药要求

5.1 药剂用量

脱叶剂用量根据有效成分含量与助剂配比使用方法按药品说明书使用。

5.2 配制母液

田间喷施前需将脱叶剂、催熟剂和助剂各自配成农药母液。准备3个大于15 L的水桶，桶内各加等量半桶清水，分别将脱叶剂、催熟剂和助剂倒入3个水桶中，边加药边搅拌，加药结束后，进行顺时针和逆时针回水搅拌，直至搅拌均匀。

5.3 配制用药

机载喷雾机药箱中应先加脱叶剂母液，然后加催熟剂母液，最后加脱叶剂助剂母液。加农药母液同时启动药箱内搅拌泵，然后机载喷雾机药箱进行二次加水至规定浓度并搅拌。严禁加水过满，药箱顶部必须加盖封闭；药液应随混随用，已混好的药剂不能隔夜放置。

5.4 用药方式

作业机具选择高地隙高架喷雾机等，悬挂牵引式喷杆喷雾机行走速度宜为4~5 km/h，大型自走式喷杆喷雾机行走速度宜为8~12 km/h。喷施药液要均匀，不重不漏。

5.5 无人机施药

选用植保无人飞机施药时，宜采用超微量高浓度喷洒，植保无人机在整个作业过程中应保持匀速和一定高度，航线高度不大于5 m，飞行速度为3~5 m/s，避免作业中的漏喷和重喷。植保无人飞机作业质量符合NY/T 3213—2018《植保无人机质量评价技术规范》要求。

6 效果检查及采收

6.1 效果检查

喷药后6 h内若降雨，应根据降水量来确定重喷药量与时期，小雨或微雨不需要重喷。

田间施药后3~5 d，检查如有漏喷并及时补施；5~7 d检查用药效果，脱叶率低、催熟效果差的宜第二次用药。

6.2 适时采收

当棉株吐絮率95%以上、脱叶率85%以上、籽棉自然含水率符合机采标准时及时采收。

《"宽早优"机采棉全程机械化技术规范》

(昌吉回族自治州地方标准 DBN6523/T 276—2019)

1 范围

本标准规定了昌吉州宽早优机采棉生产全程机械化的术语和定义、基本要求、整地、播种、田间管理、采收储运、残膜回收和秸秆处理等作业环节的技术要求。

本标准适用于昌吉棉区宽早优机采棉全程机械化作业。其他类似地区可参照执行。

2 规范性引用文件

下列文件对于本文件的应用是必不可少的。凡是注日期的引用文件，仅注日期的版本适用于本文件。凡是不注日期的引用文件，其最新版本（包括所有的修改单）适用于本文件。

GB 8321　农药合理使用准则

GB 10395.1　农林机械　安全　第1部分：总则

GB/T 21397　棉花收获机

GB/T 24677.1　喷杆喷雾机　技术条件

NY/T 499　旋耕机　作业质量

NY/T 650　喷雾机（器）　作业质量

NY/T 742　铧式犁　作业质量

NY/T 997　圆盘耙　作业质量

NY/T 1133　采棉机　作业质量

NY/T 1143　播种机质量评价技术规范

NY/T 1227　残地膜回收机　作业质量

NY/T 1276　农药安全使用规范　总则

NY/T 1559　滴灌铺管铺膜精密播种机质量评价技术规范

NY/T 2086　残地膜回收机操作技术规程

NY/T 3015　机动植保机械　安全操作规程

DB65 3186　聚乙烯吹塑农用地面覆盖薄膜

DBN 6523/T 233　"宽早优"植棉　种子质量标准

3 术语和定义

下列术语和定义适用于本文件。

3.1 田间作业轨迹 field operation track

机械精密定量和导航定位播种路线轨迹,以播种轨迹为基础,为田间中耕作业、农药喷施、棉花机械收获等确定作业行走路线而记录并校正的轨迹。

3.2 卫星定位导航 satellite positioning and navigation

以卫星定位系统来确定的机械作业路线的指示操作系统,为播种、中耕、施药、收获等作业提供行驶路线指示。

3.3 边膜 edge film

棉花播种时采用地膜覆盖方式,地膜边缘埋入土壤中的部分。

4 基本要求

4.1 棉田要求

大块棉田宜林带、道路、灌排系统、电力配套,便于机械作业。

4.2 机械要求

4.2.1 作业机械采用卫星定位导航,应用卫星精准定位、自动导航、地形匹配辅助导航等现代信息技术装备,实现播种时精准田间作业轨迹、后续作业机械则追寻其播种田间作业轨迹开展中耕、打药、棉花收获、残膜回收等作业。

4.2.2 作业机械要符合产品质量标准,性能、功率等达到设计指标,具有质量合格证、生产许可证,备有易损易坏的配件和配套的维修工具。每次作业前做好机械维护调试,保证作业顺畅。

4.3 操作要求

作业机械的驾驶员应是专业人员或经过专业培训的人员,并严格按照机械操作规程进行作业、调整和维护等。操作安全按 GB 10395.1《农林机械安全 第1部分 总则》、NY/T 3015 执行。

4.4 农艺要求

选用株型适当紧凑、茎秆柔韧而不倒伏、早熟性好、吐絮集中且含絮力适中的品种,对脱叶剂敏感、第一果枝高度控制距地面 18 cm 以上便于机械采收。棉花种子质量应符合 DBN 6523/T 233—2018《"宽早优"植棉种子质量标准》规定。

5 整地

5.1 前茬作物收获后,及时处理秸秆;有残膜的田块使用残膜回收机清运残膜。秋耕春耙清除残膜、秸秆、杂草、杂物。

5.2 耕性良好的土壤宜用铧式犁耕翻,然后用钉齿耙或圆盘耙耙地;

黏性土壤先翻耕再旋耕。间隔3~5年深松一次。用铧式犁耕深30 cm左右，作业质量符合NY/T 742规定；旋耕机、圆盘耙作业质量符合NY/T 499、NY/T 997规定。

5.3 结合耕翻用平地机平整土地，根据墒情确定耙深，一般轻耙深8~10 cm，重耙深12~15 cm，耙深合格率>90%。农机设计规定耕幅与实际耕幅一致，实际耕幅小于规定耕幅时有漏耕，大于规定耕幅时有重耕，检查机械并调整耕幅一致。

5.4 播种前土壤达到"平（土地平整）、齐（地边整齐）、松（表土疏松）、碎（土碎无坷垃）、净（土壤干净无杂草、秸秆、残膜等杂物）"的要求。播前地面喷施除草剂封闭。

6 播种

6.1 精量播种

当膜下5 cm地温连续3 d稳定超过12 ℃时即可播种，正常年份在4月5—20日为宜。采用铺管铺膜、精量播种、种孔覆土、加装卫星导航系统的精量播种多功能一体化机械。地膜符合DB65 3189要求，宽度2.05 m的地膜，一膜三行三管；宽度1.25 m的地膜，一膜二行二管。

6.2 播种要求

采用76 cm等行距，高产棉田播种密度9 000~10 000株/亩，株距8.3~9.7 cm；一般棉田播种密度10 000~12 000株/亩，株距7.3~8.3 cm。播深1.0~1.5 cm，种行膜面覆土厚度1.0 cm左右。

6.3 播种质量

铺膜平展紧贴地面，压膜严实，覆土适宜，采光面积60%以上；滴灌带1行棉花1管，位置准确；铺膜压膜铺设管带不错位、不移位；播行端直，深浅一致，覆土均匀，接行准确，不漏不重；播量精准，空穴率2%以下，单粒率95%以上，种子与膜孔错位率3%以下，出苗率85%以上。播种机质量符合NY/T 1143要求，滴灌铺管铺膜精密播种机质量符合NY/T 1559规定。

7 田间管理

7.1 中耕松土

宜用锄铲式中耕机或锄铲式中耕施肥机等进行中耕松土作业。出苗后至花铃期，在露地的棉行间中耕松土2~3次，苗期做到表土松碎、不埋苗、不压苗、不伤苗；蕾期如遇雨或土壤板结，及时进行露地中耕，深度为8 cm左右；无设施滴灌棉田现蕾开花后封前进行综合中耕，可采用中耕联合作业机进行揭边膜、中耕、培土、除草作业。

7.2 施肥追肥

基肥使用肥料撒肥机于耕地前均匀撒施；追肥全程采用水肥一体化管理。

7.3 机械化施药

7.3.1 苗期植株较矮时选用作业幅度宽、喷洒效率高的大型高地隙吊杆式高效喷雾机、风幕式喷杆喷雾机、航空植保高效机械。成株期宜选择带有双层吊挂垂直水平喷头喷雾机械；优先应用低量喷雾、静电喷雾、高效精准施药机械集成示范等实现精准施药。喷杆喷雾机技术条件符合 GB/T 24677.1 要求，喷雾作业质量符合 NY/T 650 规定。化学农药防治按照 GB 8321、NY/T 1276 规定执行。

7.3.2 结合田间中耕破板结或开沟施肥灭除杂草；选用无污染、无残留的除草剂灭除杂草。

7.3.3 苗期植株较矮时选择吊杆式高效喷雾机，对棉行顶部喷洒；现蕾后宜选择风幕式喷杆喷雾机、航空植保高效机械，或带有双层吊挂垂直水平喷头喷雾机械，上部喷雾和侧面吊臂喷洒相结合；打顶后以喷洒上部果枝为主。大型机械喷药要在田外调试，避免药液在田间跑冒滴漏。

7.3.4 脱叶催熟作业宜用风幕式喷杆喷雾机、航空植保高效机械，或带有双层吊挂垂直水平喷头喷雾机械上部喷雾和侧面吊臂喷洒相结合。日平均气温在 18 ℃以上，喷药时棉株自然吐絮率 40%以上，上部棉铃铃期 35 d 以上。喷药后 5~7 d 的日平均气温≥15 ℃，夜间最低温度≥12 ℃，选择适宜催熟脱叶剂喷洒棉株。脱叶率、吐絮率符合机采棉采收要求。

8 采收储运

8.1 采收时间

采收时棉株吐絮率≥95%、脱叶率≥85%，籽棉自然含水率符合机采标准，清除龙葵等杂草，且棉株上无杂物，如塑料残物、化纤残条等。

8.2 采收储运

采用适合机采模式的自动打包机，中、大型自走式采棉机，并配套装棉、打模、运输、开模等机械装备，实现采收、储运机械化。

8.3 机采质量

采棉机作业质量符合 GB/T 21397、NY/T 1133 规定。

9 残膜回收

9.1 回收时间

生育期于滴头水前回收残膜，采用中耕切割机沿播种作业轨迹回收边膜；棉花收获后、耕地前采用地膜回搂机进行回收；耕层内残膜于犁后和播种前进行耙地回搂。

9.2 回收作业

9.2.1 苗期残膜回收机械，选用轮齿式收膜机、伸缩杆齿式收膜机、齿链式收膜机等；耕前残膜回收机械，选用弹齿式收膜机、链扒式捡拾机、残膜集条机、气吸式残膜回收机等；耕层内残膜清捡机械，选用犁后残膜清拣机、播前整地残膜回收机等，回收率≥75%。机械作业按照 NY/T 2086 执行。

9.2.2 卫星定位导航作业机械要追寻播种田间作业轨迹，实现起膜边装置精确对准膜边，将膜边完全挖起，简化机具结构，提高残膜回收率。

9.3 质量标准

坚持在秋翻、春播前采用机械化回收残膜，结合人工揭膜、捡拾残膜等方法提高残膜回收率。回收质量符合 NY/T 1227 标准。

10 秸秆处理

10.1 秸秆还田

应用秸秆粉碎还田机将采摘后的秸秆直接粉碎，铺放于地表，机械深耕后翻入土壤还田。

10.2 质量标准

秸秆粉碎还田，宜将秸秆有效粉碎，长度≤10 cm、残茬高度≤8 cm，粉碎不遗漏，撒铺要均匀。

《"宽早优"机采棉品种标准》

(昌吉回族自治州地方标准 DB6523/T 297—2020)

1 范围

本文件规定了昌吉州"宽早优"机采棉品种标准的术语和定义、基本要求、品种标准和配套条件。

本文件适用于昌吉州"宽早优"机采棉的品种选择,其他类似棉田和地区可参照执行。

2 规范性引用文件

下列文件对于本文件的应用是必不可少的。注日期的引用文件,仅该日期对应的版本适用于本文件;不注日期的引用文件,其最新版本(包括所有的修改单)适用于本文件。

GB/T 21397—2008 棉花收获机
NY/T 2673—2015 棉花术语
NY/T 1426—2007 棉花纤维品质评价方法
NY/T 1133—2006 采棉机 作业质量

3 术语与定义

下列术语和定义适用于本文件。

3.1 "宽早优"植棉 "kuanzaoyou" planting cotton

宽等行种植、促早发早熟、品质优良的植棉方式。具体是:76 cm 或 86 cm 等行距种植、增强立体采光(株高 80~100 cm,株间通风透光),促早发(4月苗、5月蕾、6月花、7月铃)、早熟(8中下旬吐絮,霜前自然吐絮率 90% 以上,且不早衰),生产优质原棉的植棉方法。

3.2 机采棉 machine pick up cotton

按照机械化采收的农艺要求进行种植栽培管理的棉花。

3.3 棉花品种 cotton cultivar

人工选育或发现并经过改良、形态特征和生物学特性一致,遗传性状相对稳定的棉花植物群体。

3.4 优质棉 high-quality cotton

符合纺织工业需要,各纤维品质指标匹配合理的棉花。

3.5 果枝 fruiting branch

着生于棉株中、上部,由主茎叶腋的一级腋芽(混合芽)发育而成,其形成曲折多节,每节长出1片叶和1个花蕾,是开花结铃的主要部位。

3.6 第一果枝节位 first fruiting branches node

棉株第一个果枝着生在主茎的节位(子叶节不计算在内)。

3.7 催熟脱叶技术 ripening and defoliation technique

在棉花生育后期,应用人工合成的化合物促进棉铃开裂和叶片脱落,以解决棉花后期晚熟和机采棉含杂问题的技术。

3.8 吐絮率 rate of the opened cotton boll

棉铃成熟开裂,子棉绽露于铃外为吐絮。吐絮棉铃占总铃数的百分比为吐絮率。

3.9 采净率 rate of the picked cotton

采棉机采收的籽棉量占应收获的籽棉量的比率。

4 品种标准

4.1 品种长势

品种生长势强,具有充分利用地力、光热资源和"宽早优"模式的常规品种或杂交棉品种。

4.2 纤维品质

机采棉品质要求,上半部纤维平均长度≥30 mm,断裂比强度≥30 cN/tex,马克隆值3.7~4.7,整齐度指数≥85%,衣分≥40%。

4.3 丰产、稳产性

棉株生长势强,且早熟、不早衰;个体健壮,可充分利用"宽早优"模式营造的环境条件;除不可抗拒自然灾害,年度间皮棉单产160~180 kg/亩,且稳定。

4.4 株型特征

4.4.1 株型Ⅱ式,果枝、果枝与主茎夹角40°~50°,节间长度7~10 cm,植株宽度宜在76~86 cm。

4.4.2 株高 株高80~100 cm。

4.4.3 果枝始节高度 第一果枝始节高度(距地面)20 cm以上。

4.4.4 叶片 叶片上举,中等偏小。

4.4.5 群体特性 种植密度9 000~11 000 株/亩,叶面积指数(LAI)为4.2~4.5。

4.5 早熟性

生育期110~123 d,单株果枝8~10台。棉株自然吐絮率在40%以上,适时喷洒脱叶催熟剂。

4.6 抗性

抗枯萎病、耐黄萎病、抗虫、耐盐碱、耐旱、不倒伏。

4.7 机采特性

吐絮畅、且集中，含絮适中，对脱叶剂敏感，适合机采。

5 配套条件

5.1 棉田肥力和规格

5.1.1 土壤肥力中等以上，满足"宽早优"机采棉品种的皮棉产量 160~180 kg/亩需求。

5.1.2 棉田地势平坦，灌排方便，尽量减少沟渠，适于采棉机作业要求；棉田符合 GB/T 21397—2008 要求。

5.2 种植方式和行距偏差

种植方式和行距偏差符合 NY/T 1133—2006《采棉机　作业质量》要求。

《"宽早优"优质机采棉化学调控与脱叶催熟技术规程》

(昌吉回族自治州地方标准 DB6523/T 298—2020)

1 范围

本文件规定了昌吉州"宽早优"优质机采棉化学调控与脱叶催技术的术语和定义、品种选择、种植密度、株型要求、脱叶催熟剂及机械采收等。

本文件适用于昌吉地区"宽早优"植棉模式下优质机采棉化学调控与脱叶催熟技术作业。其他类似地区可参照执行。

2 规范性引用文件

下列文件对于本文件的应用是必不可少的。注日期的引用文件,仅该日期对应的版本适用于本文件;不注日期的引用文件,其最新版本(包括所有的修改单)适用于本文件。

GB/T 24677.1 喷杆喷雾机 技术条件

NY/T 3213 植保无人飞机 质量评价技术规范

NY/T 1426—2007 棉花纤维品质评价方法

3 术语与定义

下列术语和定义适用于本文件。

3.1 "宽早优"植棉 "kuanzaoyou" planting cotton

宽等行种植、促早发早熟、品质优良的植棉方式。具体为:76 cm 等行距、增强立体采光(株高 80~100 cm,株间透光)、促早发(4月苗、5月蕾、6月花、7月铃)、早熟(8月中下旬吐絮,喷施脱叶剂时自然吐絮率达 40% 以上,且不早衰)、生产优质原棉的植棉方法。

3.2 化学封顶 chemical toping

利用化学药剂强制延缓或抑制棉花顶尖生长,控制棉花的无限生长习性,从而达到类似人工打顶的调控营养生长与生殖生长的目的,此方法称为"化学封顶"。

3.3 化学封顶剂 chemical topping agent

是用于化学封顶的一种生长延缓剂,本文件指增效型甲哌鎓(25%甲哌鎓水剂)。

3.4 优质棉 high-quality cotton

符合纺织工业需要,各纤维品质指标匹配合理的棉花。

3.5 脱叶催熟 chemical defoliation and ripening

为便于机采,利用化学药剂(即脱叶催熟剂)促进棉花落叶及棉铃开裂吐絮、加快成熟的技术。

4 品种选择

选择通过国家或省级农作物品种审定委员会审定的适于机采的优质棉品种。

5 种植密度

种植密度为 9 000~11 000 株/亩,行距 76 cm。

6 化学调控

6.1 化学调控目标

要求株高 80~100 cm,第一果枝始节高度大于 20 cm,主茎节间长度 7~10 cm,果枝夹角 40°~50°,相对紧凑的 II 式果枝,株宽在 76~83.6 cm。

6.2 化学调控技术

6.2.1 苗期

根据苗情况,甲哌嗡化学调控 2 次。第一次在 1~2 片真叶期,两叶平展,用量为 0.3~0.5 g/亩,弱苗可以不化调。第二次在 4~6 叶期,用量 0.5~1.0 g/亩,壮苗用下限,旺苗用上限。

6.2.2 蕾期

6.2.2.1 根据苗情况,使用甲哌嗡化学调控 2 次。第一次在现蕾期至头水前。为了塑造棉花的理想株型,旺、壮苗棉田除适当推迟头水外,也可根据苗情施用缩节胺,一般用量为 1.0~1.5g/亩。

6.2.2.2 第二次在头水后至开花期:化控以水肥调控为主,只需对长势过旺的棉田进行化调,通常在滴灌后 2~3 d 进行,用量为 1.5~2.0 g/亩。

6.2.3 花铃期

棉花进入营养生长与生殖生长并进时期,以水肥调控为主,主要针对长势过旺的棉田进行化调,甲哌嗡用量 2.0~2.5 g/亩。

6.3 打顶后

6.3.1 人工打顶棉田 打顶后 7~10 d,化学调控一次。用量一般为 8~10 g/亩。

6.3.2 化学封顶

化学封顶时间较人工打顶时间推迟一周,在 7 月 5—10 日,或果枝台数 10~12 枝,株高 80~90 cm。用 25% 缓释增效型甲哌嗡水乳剂,甲哌嗡亩用量 50 mL 左右(旺长棉田可适当提高到 75 mL,较弱棉田可减至 30 mL),

或97%甲哌鎓粉剂，用量75~150 g/亩，兑水量30~40 L/亩，机械喷施。

6.3.3 注意事项

喷施化学封顶剂时，喷杆离棉株顶心30 cm左右。化学封顶剂用量和化学封顶时间一定要与棉花生长情况相结合，并通过水肥和系统常规甲哌鎓化控保障棉花生长稳健。化学封顶剂可以与杀虫剂混用。

7 脱叶催熟

7.1 脱叶催熟标准

脱叶率达到90%以上，吐絮率达到95%以上。

7.2 施药时间

9月1—10日，自然吐絮率达到30%~40%，使用脱叶剂5~7 d晴天，日平均气温16 ℃以上，日最低气温连续3 d不低于12 ℃。

7.3 药剂用量

7.3.1 正常棉田（适时施药时棉株自然吐絮率在40%左右）

7.3.1.1 脱吐隆：用量为脱叶剂13~15 mL/亩+烷基乙磺酸盐50 mL/亩+乙烯利70 mL/亩。

7.3.1.2 瑞脱龙：80%噻苯隆可湿性粉剂，用量为脱叶剂25~30 g/亩+专用助剂6.3 mL/亩+乙烯利70 mL/亩。

7.3.1.3 欣噻利：50%噻苯隆·乙烯利悬浮剂150~180 mL/亩。

7.3.1.4 噻苯隆：50%噻苯隆可湿性粉剂3 040 g/亩+40%乙烯利水剂150~300 mL/亩。

7.3.1.5 兑水量为40~80 L/亩，机械喷施。

7.3.2 贪青晚熟棉田（适时施药时棉株自然吐絮率在30%以下）

分两次喷施，第一次喷施时间较正常时间提前5~7 d，用量为正常药量的50%~70%；第一次施药10 d后进行第二次施药，药量不低于正常药量的70%左右。

7.4 施药要求

药液配置应先配制母液，再进行二次稀释。对棉株中上部和外围叶片、棉铃进行均匀喷雾，保证全部叶片和棉铃全部着药。悬挂牵引式喷杆喷雾机喷雾机技术条件应符合GB/T 24677.1，植保无人机作业剂量符合NY/T 3213要求。对于长势较旺和贪青棉田，严禁一次性超剂量高浓度用药，易造成叶片干枯不落。喷施6 h内遇雨，需重喷。

《"宽早优"机采棉有机肥替代部分化肥技术规范》

(昌吉回族自治州地方标准 DB6523/T 300—2020)

1 范围

本文件规定了昌吉州"宽早优"机采棉有机肥替代部分化肥的术语和定义、基本要求、替代技术。

本文件适用于昌吉地区有机肥替代部分化肥作业。其他类似地区可参照执行。

2 规范性引用文件

下列文件对于本文件的应用是必不可少的。注日期的引用文件,仅该日期对应的版本适用于本文件;不注日期的引用文件,其最新版本(包括所有的修改单)适用于本文件。

GB/T 2440　尿素

GB/T 15063　复混肥料(复合肥料)

NY 525—2012　有机肥料

HJ 555—2010　化肥使用环境安全技术　导则

NY 884—2012　生物有机肥

NY/T 500—2015　秸秆粉碎还田机　作业质量

DBN6523/T 231—2018　"宽早优"机采棉优质化生产技术规程

3 术语与定义

下列术语和定义适用于本文件。

3.1 有机肥料 organic manure

主要来源于植物和(或)动物,经过发酵腐熟的含碳有机物料,其功能是改善土壤肥力、提供植物营养、提高作物品质。

3.2 化肥 chemical fertilizer

化学肥料简称化肥。用化学和(或)物理方法制成的含有一种或几种农作物生长需要的营养元素的肥料。也称无机肥料,包括氮肥、磷肥、钾肥、微肥、复合肥料等。

3.3 微生物有机肥 microbial organic fertilizer

指特定功能微生物与主要以动植物残体(如畜禽粪便、农作物秸秆等)为来源并经无害化处理、腐熟的有机物料复合而成的一类兼具微生物肥料和有机肥效应的肥料。

3.4 常规施肥 regular fertilization
亦称习惯施肥，指当地前三年平均施肥量（主要指氮、磷、钾肥）、施肥品种和施肥方法。

3.5 配方施肥 formula fertilization
综合运用现代农业科技成果，根据作物需肥规律、土壤供肥性能与肥料效应，在作物播种前提出有机肥、氮磷钾化肥和各种微肥的合理配比、用量和相应的施肥技术。

3.6 "宽早优"植棉 "kuanzaoyou" planting cotton
宽等行种植、促早发早熟、品质优良的植棉方式。

4 基本要求

4.1 土壤要求
土壤耕层 0~30 cm 有机质含量≥10g/kg，速效氮≥50 mg/kg，速效磷≥10 mg/kg，速效钾≥100 mg/kg，pH 值 7~8。地势平坦，排灌方便，适宜机械作业。

4.2 肥料要求
有机肥料技术指标和重金属的限量指标符合 NY525—2012 中第四章 4.2 和 4.3 的要求。检验规则和包装、标识符合 NY525—2012 中 6、第七章 7.1、7.2 的要求。其他类型的有机肥料符合相应要求。
化学肥料指单质肥料、复合肥料符合相应的肥料质量标准。

5 技术目标
皮棉增产 1%~5%，或效益提高 5%左右。
以平衡施肥、配方施肥为基础，与当地棉田常规施肥相比，使用有机肥料替代化肥，化肥用量减少 20%，化肥利用率提高 10%以上；有机肥替代为 20%。

6 施肥技术

6.1 基肥施用
棉花收获后，清理地膜和滴灌带，使用大马力粉碎机将棉花秸秆粉碎（作业质量按 NY/T 500—2015 的要求），每亩地施用 1~2 kg 秸秆腐熟（菌）剂，促进棉花秸秆腐熟，增加土壤有机质含量。结合秋深翻，施足基肥。每亩施生物有机肥 75~100 kg（或棉籽饼 75~100 kg，或牛粪 200~300 kg，或羊粪 150~200 kg），化学氮肥（N）2~3 kg，磷肥（P_2O_5）3~4.5 kg，钾肥（K_2O）1.5~2 kg，耕翻时施入。化肥使用按照 HJ 555—2010 执行。

6.2 追肥施用

棉花不同生育时期随水追施肥料,具体用量见表1。氮肥为尿素,磷肥为磷酸一铵或磷酸二铵,钾肥为硫酸钾,棉花生长前期也可选择水溶肥或液体菌肥。

表1 不同时期肥料施用见表　　　　　　　单位:kg/亩

施肥次数	日期	氮肥(N)	磷肥(P_2O_5)	钾肥(K_2O)	腐植酸	黄腐酸钾	Zn	B
1	4月下旬	—	—	—	1.5	—	—	—
2	6月上旬	1~1.5	0.3	0.2	—	0.2	—	—
3	6月中旬	1~1.25	0.2	0.2	—	0.2	0.15	0.10
4	6月下旬	1.2~1.5	0.3	0.3	—	—	0.15	0.10
5	7月上旬	1.5~1.8	0.45	0.45	—	—	—	—
6	7月中旬	1.5~1.8	0.45	0.45	—	—	—	—
7	7月下旬	1.2~1.5	0.3	0.3	—	—	—	—
8	8月上旬	1.2~1.6	—	—	—	—	—	—

7 注意事项

7.1 生物有机肥和土壤杀菌剂不能同时施用。

7.2 肥料具体用量根据土壤肥力水平调整,肥力水平较高的棉田(年均籽棉产量400 kg以上)按照上述推荐用量高值施用,肥力水平中等(年均籽棉产量300~400 kg/亩)的棉田按照上述推荐用量中间值施用,肥力水平较低(年均籽棉产量300 kg/亩以下)的棉田按照上述推荐用量低值施用。

《"宽早优"亩产籽棉 550 kg 植棉技术规程》

(昌吉回族自治州地方标准 DB6523/T 396—2023)

1 范围

本文件规定了昌吉回族自治州"宽早优"亩产籽棉 550 kg 植棉技术的基本要求、主要技术指标、栽培技术等方面的要求。

本文件适用于昌吉回族自治州行政区域和新疆生产建设兵团第六师范围内"宽早优"亩产籽棉 550 kg 植棉技术作业。其他类似地区可参照执行。

2 规范性引用文件

下列文件中的内容通过文中的规范性引用而构成本文件必不可少的条款。其中,注日期的引用文件,仅该日期对应的版本适用于本文件;不注日期的引用文件,其最新版本(包括所有的修改单)适用于本文件。

GB 4407.1　经济作物种子　第 1 部分:纤维类

GB/T 8321.7　农药合理使用准则(七)

NY/T 1227　残地膜回收机　作业质量

NY/T 1276　农药安全使用规范　总则

DB6523/T 298　"宽早优"优质机采棉化学调控与脱叶催熟技术规程

3 术语和定义

下列术语和定义适用于本文件。

"宽早优"植棉"kuanzaoyou" planting cotton

宽等行种植、促早发早熟、品质优良的植棉方式。具体为:76 cm 等行距,增强立体采光(株高 80~100 cm,株间透光),促早发(4 月苗、5 月蕾、6 月花、7 月铃)、早熟(8 月中下旬吐絮,喷施脱叶剂时自然吐絮率达 40%以上,且不早衰),生产优质原棉的植棉方法。

4 基本要求

4.1 土壤要求

土壤质地以轻沙壤土、壤土、轻黏土为宜,土壤肥力中等类型。地势平坦,排灌方便,适宜机械作业。

4.2 种子要求

品种宜选用株型适当紧凑、Ⅱ式以上果枝类型,茎秆柔韧而不倒伏,前期发育快、早熟性好、吐絮集中且含絮力适中的品种,后期不早衰,对脱叶剂敏感，第一果枝高度控制距地面20 cm以上便于机械采收。棉花种子质量应符合GB 4407.1规定。

4.3 播种模式要求

按照"宽早优"植棉要求，实行76 cm等行距种植，每行1条滴灌带，一膜三行，膜宽为2.05 m。

4.4 机械要求

4.4.1 按照"宽早优"植棉要求，作业机械选择铺膜精量播种机和配套动力的拖拉机，配备卫星定位自动驾驶系统，播种、铺膜、铺管等一体化精准作业。

4.4.2 作业机械应符合产品质量标准，性能、功率等达到设计指标，具有质量合格证、生产许可证，备有易损易坏的配件和配套的维修工具。每次作业前做好机械维护调试，保证作业顺畅。

5 主要技术指标

5.1 产量结构

籽棉产量为550 kg/亩，收获株数为1.0万~1.2万株/亩，铃数为10.0万/亩，单铃重为5.5~5.7 g。

5.2 生育进程

适播期4月中旬，4月下旬出苗，5月下旬现蕾，6月下旬开花，7月结铃，8月下旬吐絮。

5.3 棉株外部形态指标

5.3.1 株型指标：果枝始节自然高度为20 cm以上，主茎节间平均长度为6~8 cm，植株塔型。

5.3.2 株高指标：苗期株高在15~20 cm，初蕾期株高在25~30 cm，盛蕾期株高在40~50 cm，初花期株高在65~70 cm，打顶后的自然高度85~95 cm。主茎日增量：苗期0.3~0.5 cm，初蕾期0.6~0.8 cm，盛蕾初花期2~2.5 cm，花铃期1.5~2 cm。

6 生产技术

6.1 播前准备

6.1.1 深施肥：根据土壤养分含量，在秋翻前基肥施尿素5~7 kg/亩、磷酸二铵15~20 kg/亩、硫酸钾3~5 kg/亩，提倡增施有机肥，施腐熟后优质牛羊粪2~3 t/亩。

6.1.2 茬灌秋翻或秋耕冬灌：茬灌工作宜在机采前15 d结束，灌量为50 m³/亩。秋冬翻和冬前平地在11月上旬全面结束，耕翻深度在28 cm以上，要求翻垡均匀、不拉沟、不漏犁。黏土地耕后先用重型缺口耙对角作业，将土垡切碎，做到切垡越冬；壤土和砂土地块在翻地后适墒整地，做到平地越冬，达到待播状态。

6.1.3 播前整地：解冻后清洁田间秸秆、杂草。机械搂膜，作业质量达到 NY/T 1227 的规定，平整土地，整修地头地边。播种前喷施除草剂，及时耙地，耙深为 3~5 cm，达到"松、碎、平、净、齐"和上虚下实。

6.1.4 播种机械准备：拖拉机应安装导航，播种机按各项技术指标调试到位，保质保量在适播期完成播种任务。

6.2 播种

6.2.1 质量要求：铺膜平展、压膜严实、采光面大、下籽均匀、播行笔直、接行准确、播深适宜、到头到边。空穴率应 < 2%，错位率应 < 3%，边行采光面应在 5 cm 以上。

6.2.2 适期早播：膜下 5 cm 地温 3 d 内稳定在 12 ℃ 以后根据天气情况、土壤质地和品种熟性，选择播种时间。

6.2.3 播种方式和播种量：采用 18 穴播种盘，一膜三行"宽早优"植棉精量播种技术，播种量宜在 1.0~1.2 kg。

6.2.4 播种深度：播种深度宜为 1.5 cm，种行膜面覆土厚度 1.0~1.5 cm。

6.2.5 节水设备应及时安装：播种后及时布管。

6.3 田间管理

6.3.1 播后管理

6.3.1.1 做好播后棉田的压膜、封洞、破除板结等工作。

6.3.1.2 处理好棉田地边地角的补种、铺膜、铺管工作，达到边成线、角成方、地头齐。

6.3.1.3 做好玉米诱集带的种植。

6.3.1.4 适时滴水出苗：播后 2~3 d 内完成滴水，4 月下旬结束滴水工作，灌水量 20~25 m³/亩，滴施矿源腐殖酸 1~2 kg/亩；根据土壤墒情和出苗情况，滴出苗水后 5~7 d 补水，灌水量 8~10 m³/亩。

6.3.2 苗期管理

6.3.2.1 早辅助放苗：出苗不顺利的棉田，应及早进行人工辅助放苗，做到不放黄芽苗、不伤苗。

6.3.2.2 中耕：适时中耕 1~2 次，深度 14~16 cm，护苗带 8~10 cm，耕宽 ≥ 22 cm，做到不铲苗、不埋苗、不拉膜，达到行间平、松、碎，镇压严实。

6.3.2.3 化学调控：综合考虑品种、地力、水肥、棉花长势长相、密度、气候条件等因素，因地制宜确定化调时间及用量，坚持促控结合、因苗调控和"早、轻、勤"的原则，苗期化调 2 次。第一次化调在棉苗出齐现行后进行,98%甲哌鎓用量为0.1~0.2 g/亩;第二次化调在两片真叶时进行,98%甲哌鎓用量为0.2~0.3 g/亩。

6.3.2.4 综合防治:及早用专性杀螨剂在棉田四周喷洒保护带;棉蓟马重的棉田在化控时带10%吡虫啉防治(只限苗期第一次化调使用);对棉叶螨采取"查、插、抹、摘、喷"的防治方法,将其发生控制在中心株阶段。农药的施用应按照GB/T 8321.7和NY/T 1276中的要求。

6.3.3 蕾期管理

6.3.3.1 中耕除草:中耕1次,深度16~18 cm,保护带10 cm。辅助进行人工株间除草。

6.3.3.2 水肥管理:滴水2次,每次30 m^3/亩,第一次5月下旬至6月上旬,尿素用量为2 kg/亩,磷酸一铵和硫酸钾用量各1 kg/亩;第二次6月中旬,尿素3 kg/亩,磷酸一铵和硫酸钾各2 kg/亩。

6.3.3.3 化学调控:依据长势化学调控1~2次,98%甲哌鎓用量为0.5~1 g/亩。

6.3.3.4 综合防治:做好棉田棉叶螨和棉蚜的调查和点片挑治工作,将其控制在中心株阶段。采用频振式杀虫灯和杨枝把,诱杀越冬代棉铃虫成虫,及时对棉铃虫早发棉田进行调查防治。做好玉米诱集带棉铃虫发生情况的调查和防治工作。做好盲椿调查和防治工作。

6.3.4 花铃期管理

6.3.4.1 灌水:滴水8次,灌水周期为7~9 d,滴量30~35 m^3/亩,8月中旬滴量30 m^3/亩。

6.3.4.2 施肥:第一次6月下旬,尿素5 kg/亩,磷酸一铵和硫酸钾各3 kg/亩;第二次7月上旬,尿素6 kg/亩,磷酸一铵和硫酸钾各3 kg/亩;第三次7月中旬,尿素7 kg/亩,磷酸一铵和硫酸钾各4 kg/亩;第四次7月下旬,尿素7 kg/亩,磷酸一铵和硫酸钾各4 kg/亩;第五次7月下旬,尿素6 kg/亩,磷酸一铵和硫酸钾各3 kg/亩;第六次8月上旬,尿素6 kg/亩,磷酸一铵和硫酸钾各3 kg/亩;第七次8月上旬到中旬,尿素3 kg/亩,磷酸一铵和硫酸钾各3 kg/亩;第八次8月下旬,滴清水,适时停水。

6.3.4.3 化学调控:化控1~2次。第一次在打顶后5 d左右进行,98%甲哌鎓用量为6~8 g/亩。对于长势偏旺的棉田打顶后应进行第二次化控,在第一次化控7 d后进行,98%甲哌鎓用量为8~10 g/亩。忌用一次性大剂量的98%甲哌鎓化控。

6.3.4.4 及时打顶:坚持"枝到不等时、时到不等枝"的原则,人工打顶应在7月上旬前打顶结束,做到"一叶一心"打顶质量标准,漏打率控制在2%以内。化学封顶时间较人工打顶时间推迟5~7 d,按照DB 6523/

T 298 的规定执行。

6.3.4.5 综合防治：采取频振式杀虫灯、性诱笼、黄板、蓝板、玉米诱集带等物理防治、生物防治和化学防治相结合的方法，诱杀棉铃虫、蚜虫等害虫。对棉铃虫达到 10 头（粒）/百株；棉蚜卷叶株率达到 10%；棉叶螨红叶株率达到 10% 的棉田进行化学防治。

6.3.5 吐絮期管理

6.3.5.1 停水时间：根据气候、土壤墒情、棉花长势和采收时间确定停水时间，宜在 8 月下旬停水。

6.3.5.2 适时做好机采棉脱叶剂的喷洒工作。根据气温变化情况，确定脱叶剂喷洒时间和用量。一般在棉田吐絮 30% 左右开始喷施，宜在 9 月上旬前完成。

6.3.5.3 及时清除棉田杂草。

6.3.5.4 及时采收：脱叶率 ≥ 90%、吐絮率 ≥ 95%，籽棉自然含水率符合机采标准时，可机械采收。

《"宽早优"棉田农用残膜回收技术规程》

(昌吉回族自治州地方标准 DB6523/T 397—2023)

1 范围

本文件规定了"宽早优"棉田农用残膜的术语和定义、地膜使用要求、回收技术、地膜回收的评价要求、农用残膜贮存和运输的要求。

本文件适用于昌吉回族自治州行政区域和新疆生产建设兵团第六师范围内的"宽早优"棉田，其他类似地区可参照执行。

2 规范性引用文件

下列文件中的内容通过文中的规范性引用而构成本文件必不可少的条款。其中，注日期的引用文件，仅该日期对应的版本适用于本文件；不注日期的引用文件，其最新版本（包括所有的修改单）适用于本文件。

GB 13735　聚乙烯吹塑农用地面覆盖薄膜

GB/T 25412　残地膜回收机

GB/T 25413　农田地膜残留量限制及测定

NY/T 1227　残地膜回收机 作业质量

DBN6523/T 274　"宽早优"植棉播种质量控制技术规程

DB65/T 3834　农田废旧地膜回收质量等级

3 术语和定义

下列术语和定义适用于本文件。

3.1 "宽早优"植棉 "kuanzaoyou" planting cotton

宽等行种植、促早发早熟、品质优良的植棉方式。具体为：76 cm 等行距、增强立体采光（株高 80~100 cm，株间透光）、促早发（4月苗、5月蕾、6月花、7月铃）、早熟（8月中下旬吐絮，喷施脱叶剂时自然吐絮率达 40%以上，且不早衰），生产优质原棉的植棉方法。

3.2 地膜 mulch film

用于作物栽培覆盖面的塑料薄膜。

3.3 农用残膜 plastic film residue

地膜使用后未回收或回收不完全而残存在土壤中的地膜残片。

3.4 地膜回收率 the recovery rate of mulch film

农田单位面积内回收的废旧地膜质量占当年新铺地膜质量的百分数。

4 地膜使用要求

4.1 地膜质量

使用的地膜质量应严格符合 GB 13735 规定，地膜最小公称厚度不小于 0.010 mm。

4.2 地膜覆盖

4.2.1 选择"宽早优"植棉模式。采用膜宽为 2.05 m 的地膜覆盖，一膜三行，76 cm 等行距种植，每行 1 条滴灌带。

4.2.2 覆膜质量要求。地膜覆盖应按照 DBN 6523/T 274 的规定执行。选用铺管、铺膜、压膜、精量穴播、播种行覆土等一体化播种机，铺膜平展紧贴地面，压膜严实，覆土适宜，膜面平整，采光面积 60 % 以上。

5 田间回收技术

5.1 作业对象

地表或耕层中存有残膜的"宽早优"棉田。

5.2 作业质量要求

"宽早优"棉田地表残膜回收率 ≥ 92%。

5.3 回收时期

适时清理，播种前通过耕翻和耙地回收耕层内残膜；在浇头水前采用中耕切割机进行边膜回收；秋季棉花收获后采用残膜回收机进行机械回收残膜。

5.4 地块准备

5.4.1 清理地表的树根、石头、滴灌管及其他障碍物；对滴灌主管、电线杆或其他不能清除的障碍物作出明显标记。

5.4.2 人工对田边地头等机械作业困难的区域进行残膜捡拾。

5.5 作业机具准备

5.5.1 选择性能先进、适用的残膜回收机及配套的动力机械，残膜回收机的技术参数应符合 GB/T 25412 的规定。

5.5.2 按照产品使用说明书的要求对作业机组进行全面检查、调整和保养，保证机具在安全的前提下正常工作。

5.6 作业流程

5.6.1 秋季回收机械以梭形行走法为主要的作业方法，春季回收机械宜采取与地块斜向或横向搂膜作业方式，以便清理边沟内残膜，实现最好作业效果。

5.6.2 作业速度应符合机具说明书的要求，匀速直线行驶。

5.6.3 动力驱动型机械应在平稳接合动力，空负荷试运转后开始作业起步，缓慢放下机具后进入作业。

5.6.4 通过液压悬挂机构调整提升拉杆和上拉杆长度使机具达到最佳的作业工作状态；调整机具的限深装置设定作业深度。

5.6.5 机组在掉头、转弯或倒退时，应在农具提升后减速进行；在作业状态中不应倒退。

5.6.6 作业时应及时卸掉残膜残茬，防止机具堵塞，并及时运至棉田外安全区域处理。

5.7 安全要求

5.7.1 驾驶人员应具备熟练的操作技能，进行安全知识培训，持有合法有效的证件。

5.7.2 机具安全防护装置应完好有效，警示标志和反光贴明显。

5.7.3 机具起落前操作人员应先警示，待机具附近无人时方可操作。

5.7.4 不应在机具腾空的情况下进行调整、故障排除和停车。

5.7.5 不应在未切断发动机动力的情况下排除故障和清除残膜回收机内的堵塞物。

6 地膜回收评价

6.1 测区和测点位置的确定

6.1.1 测区的位置、长度和宽度应符合 GB/T 25413 的相关规定，满足作业和测定需求。

6.1.2 按照 NY/T 1227 规定的测定方法，采用五点法选择作业前的测点，然后在附近但不重叠的区域再选 5 个测点，作为作业后的 5 个测点。

6.1.3 表层残膜的测点长度为 10 m，宽度为一个作业幅宽；耕层残膜的测点为 1 m × 1 m 的区域，深度为耕作层深度 30 cm。

6.2 表层（耕层）残膜回收率的测定

分别将作业前和作业后的各 5 个测点，按照地表及耕作层分别取出残膜，去除附着在残膜上的泥土和其他杂质后，用清水洗净，放置在阴凉处自然晾干至恒重，然后用千分之一电子分析天平称重，记录读数。按公式分别计算表层残膜回收率和耕层残膜回收率。

$$M = \frac{W - W_0}{W} \times 100\% \tag{1}$$

式中，M 为残膜回收率，%；W 为作业前的表层或耕层残膜质量，单位为克（g）；W_0 为作业后的表层或耕层残膜质量，单位为克（g）。

7 农用残膜的贮存和运输

7.1 贮存

农用残膜回收后进行清杂，应符合 DB65/T 3834 的相关规定，不能在农田或其他农作物用地随意弃置、掩埋和焚烧，及时送交废旧地膜回收网点；回收后的废旧地膜经捆扎和包装后堆放在专用场地，场地应符合防火、防风、防雨、防渗透等要求，防止再次污染周边环境。

7.2 运输

运输过程不能裸露；不能与易燃、易爆或腐蚀性物品混合运输。

《机采棉花膜下肥水滴灌技术规程》

(博尔塔拉蒙古自治州农业地方标准 DBN6527/T 001—2019)

1 范围

本标准规定了机采棉花膜下肥水滴灌的术语定义、基本要求和技术规程。

本标准适用于新疆博尔塔拉蒙古自治州机采棉花膜下肥水滴灌技术操作。

2 规范性引用文件

下列文件对于本文件的应用是必不可少的。凡是注日期的引用文件，仅所注日期的版本适用于本文件。凡是不注日期的引用文件，其最新版本（包括所有的修改单）适用于本文件。

GB 4407.1　经济作物种子　第1部分　纤维类

GB 5084—2021　农田灌溉水质标准

GB 8321.10—2018　农药合理使用准则

GB 13735—2017　聚乙烯吹塑农用地面覆盖薄膜

NY 400—2000　硫酸脱绒与包衣棉花种子

NY/1133—2006　采棉机 作业质量

NY/T 1276—2007　农药安全使用规范 总则

NY/T 1384—2007　棉花泡沫酸脱绒、包衣技术规程

NY/T 2623—2014　灌溉施肥技术规范

NY/T 3243—2018　棉花膜下滴灌水肥一体化技术规程

3 术语与定义

下列术语和定义适用于本标准。

3.1　膜下肥水滴灌 drip irrigation with fertilizer and water under mulch

在地膜覆盖条件下，按照作物各个生长发育阶段的需肥特点，依据变量施肥技术，把可溶性肥料进行比例混合配制成溶液，通过施肥装置注入到灌溉系统中，使肥料随水一起输送到作物根系附近供给作物利用。

3.2　变量施肥 variable rate fertilization

是根据作物生长的土壤养分条件、达到的目标产量、作物各个生育时期的需肥特性进行平衡施肥的一种技术。

3.3 精量播种 precision sowing

使用棉花精量播种机械，按照栽培要求将预定数量的高质量棉花种子每穴1粒播到棉田土壤中适当位置的播种技术方法。

3.4 水溶肥 water-soluble fertilizers

水溶肥料是指能够完全溶解于水的含氮、磷、钾、钙、镁、微量元素、氨基酸、腐植酸、海藻酸等肥料。从形态分为固体水溶肥和液体水溶肥两种。从养分含量分为大量元素水溶肥料、中量元素水溶肥料、微量元素水溶肥料、含氨基酸水溶肥料、含腐植酸水溶肥料、有机水溶肥料等。

4 基本要求

4.1 地膜

地膜的最小标称厚度不得小于 0.010 mm，符合 GB 13735—2017 第 5.1.1 要求；平均厚度偏差为+15%、-12%，符合 GB 13735—2017 第 5.1.2 要求。

力学性能指标包括：纵、横向的拉伸负荷；纵、横向的断裂标称应变；纵、横向的直角撕裂负荷，符合 GB 13735—2017 第 5.5 的要求。

耐候性能：Ⅰ类地膜老化后纵向断裂标称应变保留率应不小于 50%，符合 GB 13735—2017 第 5.6 要求。

4.2 水源

棉田水源应满足生育期需水量及冬春灌需求。可利用地表水（河流、水库等）、地下水作为水源，水质应符合 GB 5084 的要求。灌溉水中泥沙等杂质含量较高时应设置沉沙池并配备相应的过滤设备进行处理，应能保证滴灌管网顺畅。

4.3 肥料

肥料应具备溶解度高、溶解速度较快、腐蚀性小、与灌溉水相互作用小等特点。肥料搭配使用时应考虑相容性，避免相互作用产生沉淀或拮抗作用。肥料选择和搭配应符合 NY/T 2623 的要求。

4.4 灌排设备

灌排设备应与水源和膜下滴灌技术配套，适宜于机采棉田膜下肥水滴灌一体化应用。

4.5 技术

依据机采棉花在膜下滴灌条件下的养分需求特性、土壤水分肥料运移特性，结合当地棉田土壤养分管理与棉花施肥模型研究成果，确定膜下滴灌条件下的滴水（肥）时期、肥水配比、施肥种类、施肥量、施肥次数等；通过铺设的滴灌管网，将肥水输送到棉株根区，达到以水促肥、以肥调水、因水施肥、水肥耦合，提高肥料、水分利用效果的目的。

5 技术规程

5.1 播前基础

5.1.1 残膜清理 棉花采收前后利用残膜回收机和人工辅助彻底清理残膜,残膜回收率达80%以上。

5.1.2 春耕整地 春耕时结合耙地清除残膜等杂物;播前施用二甲戊乐灵0.2 kg/亩对土壤进行封闭处理。播种前土壤达到"平(土地平整)、齐(地边整齐)、松(表土疏松)、碎(土碎无坷垃)、墒(足墒)、净(土壤干净无杂草、秸秆、残膜等杂物)"的标准。

5.2 播种技术

5.2.1 品种选择 选用抗病、丰产、抗逆强、生长势强、成熟集中、优质等综合性状优良,适宜机采,符合生产目标的早熟或特早熟品种。棉花种子质量应优于GB 4407.1、NY 400、NY/T 1384 的规定,与精量播种、1穴1粒技术相配套,其中,种子发芽率不低于85%。

5.2.2 播种期 当膜下5 cm地温连续3 d稳定通过12 ℃时即可播种,正常年份在4月5—20日为宜。

5.2.3 播种方式 采用铺管(滴灌管带)、铺膜、压膜、精量穴播、覆土等一体机播种,要求每穴单粒率95%以上、空穴率2%以下。使用厚度≥0.01 mm,宽度2.05 m的地膜,一膜六行(13+63+13+63+13 cm)宽窄行3管,滴灌带铺设在3个小行;或一膜三行(等行距76 cm)3管,每行1条滴灌带铺设在棉行5 cm膜下。也可宽度1.25 m的地膜,一膜二行(76 cm等行距或63+13 cm 4行宽窄行)2管。

5.2.4 覆膜、铺管和播种质量 采用膜厚≥0.01 mm,拉力、强度优于国家标准的地膜,铺膜平展紧贴地面,压膜严实,覆土适宜;滴水管播种时确保迷宫朝上,滴头朝播种行,位置准确;铺膜压膜铺设管带不错位、不移位;地头毛管轧紧固定,防治风灾和水肥流失;播行端直,深浅一致,播深1.5 cm,覆土厚度1.0~1.5 cm,接行准确,不漏不重;播量精准,空穴率2%以下,单粒率95%以上,种子与膜孔错位率3%以下,出苗率90%以上。

5.3 生育期推荐施肥方案

皮棉单产在120~150 kg/亩条件下,施用优质有机肥50~75 kg/亩,氮肥(N)20~22 kg/亩,磷肥(P_2O_5)8~10 kg/亩,钾肥(K_2O)8~10 kg/亩;皮棉单产在2 250~2 700 kg/hm² 条件下,施用有机肥1 125~1 500 kg/hm²,氮肥(N)330~360 kg/hm²,磷肥(P_2O_5)150~180 kg/hm²,钾肥(K_2O)150~225 kg/hm²。对于硼、锌缺乏的棉田,补施水溶性好的硼肥3~4.5 kg/hm²、水溶性好的锌肥15~20 kg/hm²。

结合冬春耕翻施入基肥，基肥一般施入全部的有机肥和25%的氮肥、20%~30%的磷钾肥，基肥应抛撒均匀，随抛撒随耕翻。

氮肥基肥占总量的25%左右，追肥占75%左右（现蕾期15%，开花期20%，盛花期30%，花铃后期10%）；磷肥、钾肥基肥占20%~30%（如可溶性差可提高基肥比例至50%左右），其他作追肥。全生育期追肥次数8~10次，从现蕾期开始追肥，一水一肥。前期氮磷肥为主、钾肥为辅、微肥补充，中后期以氮钾为主、磷肥为辅，提倡选用水溶肥作追肥，但要配合尿素施用。

5.4 生育期推荐灌水方案

根据棉花生育阶段需水规律、降水情况和土壤墒情确定灌水次数、灌水时期和灌水定额。一般全生育期灌水8~10次，总灌水定额4 200~5 250 m^3/hm^2。

苗期土壤水分上下限控制在田间持水量的50%~65%，蕾期控制在60%~70%，花铃期控制在65%~75%，吐絮期控制在55%~70%。

5.5 膜下肥水滴灌标准

滴出苗水时，可滴入15~30 kg/hm^2 液体生物源腐殖酸肥料和1 kg/hm^2 枯草芽孢杆菌或其他复合微生物菌剂，以促进棉花根系发育，预防枯黄萎病、立枯病等病害。

在干播湿出的苗期、初蕾期一般不滴水。于盛蕾期开始滴头水，共滴水8~10次，滴次间隔7~10 d，水肥耦合完成。

6月5—10日，滴头水，水量270~300 m^3/hm^2，以浸润区超过棉行10~15 cm为宜。随水滴入尿素15~30 kg/hm^2、磷酸一铵或磷酸二铵30~45 kg/hm^2、螯合态硼肥1.5 kg/hm^2 和螯合态锌肥7.5 kg/hm^2。同时配施15~30 kg/hm^2 液体生物源腐殖酸肥料和1 kg/hm^2 枯草芽孢杆菌或其他复合微生物菌剂若干。

6月15—25日，滴水1次，水量270~300 m^3/hm^2；加入尿素15~30 kg/hm^2、磷酸一铵或磷酸二铵60 kg/hm^2、水溶性钾肥15 kg/hm^2、螯合态硼肥3 kg/hm^2、螯合态锌肥7.5 kg/hm^2。

6月25日至7月15日，滴水2~3次，滴水量375~450 m^3/hm^2，每水施入尿素30~45 kg/hm^2、磷酸一铵或磷酸二铵30~45 kg/hm^2、水溶性钾肥30 kg/hm^2。补施15~30 kg/hm^2 液体生物源腐殖酸肥料和1 kg/hm^2 枯草芽孢杆菌或其他复合微生物菌剂若干，防治枯黄萎病复发。

7月15日至8月15日，滴水3~4次，滴水量375~450 m^3/hm^2，每水施入尿素75~105 kg/hm^2、磷酸一铵或磷酸二铵30~45 kg/hm^2、水溶性钾肥45~60 kg/hm^2。8月初，补施15~30 kg/hm^2 液体生物源腐殖酸肥料和

1 kg/hm² 枯草芽孢杆菌或其他复合微生物菌剂若干，防治枯黄萎病复发。

8月15—30日，滴水2次，滴水量300~375 m³/hm²，滴入尿素15~30 kg/hm²，水溶性钾肥15 kg/hm²；最后一次滴水不施肥。8月5—10日喷施尿素3 kg/hm²和磷酸二氢钾5 kg/hm²，预防早衰或红叶茎枯病。

5.6 滴灌管网运行与维护

5.6.1 运行 每次的滴灌施肥一般分为3个阶段，第一阶段滴灌清水，将土壤湿润；第二阶段将肥、水同步施入；第三阶段用清水冲洗管道系统。第一阶段和第三阶段滴清水的时间根据管道长短、大小及流量确定，一般在30~60 min。

5.6.2 维护 定期巡视滴灌设备和管网，如有漏水应及时处理。确保滴灌系统在设计压力下运行。入冬前进行管网系统冲洗，打开支管干管的末端堵头，冲洗掉积攒的杂物，排空管道积水，防止低温冻裂。维护操作按照NY/T 3243—2018执行。

5.7 配套技术

5.7.1 化学调控技术 膜下肥水滴灌条件下，以肥水调控为主，化学调控为辅：出苗至初蕾前控制肥水促壮苗，4~5叶时，适时化控，花铃期促控结合，吐絮期控制肥水抑旺长；打顶后5~7 d进行化控，喷施缩节胺75~105 g/hm²，对缩节胺敏感的品种酌情减量，待顶部果枝第2果节2~3 cm时，进行第2次化控，喷施缩节胺150~225 g/hm²，将株高控制在70~90 cm，一般不超过100 cm。

5.7.2 化学打顶和免打顶技术 在膜下肥水滴灌人为调控水分、养分下，可抑制主茎顶端生长优势，进行免打顶或化学打顶，代替人工打顶。化学封顶前5 d喷洒15~30 g/hm²缩节胺，化学封顶时可选用氟节胺或缩节胺类封顶剂顶喷棉花，封顶后7 d，再喷施150 g/hm²左右缩节胺。

5.7.3 有害生物防控技术 通过水肥的人为调控，营造不利于棉田病、虫、草等有害生物发生为害的环境，以防控发生和提高防效。结合农业防治、生物防治、物理防治和化学防治，实现有害生物防治的绿色、经济、高效。农药防治应符合GB 8321.10—2018和NY/T 1276—2007要求。

5.7.4 脱叶催熟 棉花吐絮后适当降低棉田水分（土壤田间持水量控制在55%~70%），减少或控制氮肥施用，促进棉铃成熟、集中吐絮，棉叶营养转运老化，提高喷洒脱叶催熟剂效果。

5.7.5 机采技术 控制棉田后期水肥，促棉花早熟、集中吐絮，降低机采前土壤水分，为适时机械采收创造便利条件，提高机采效率和机采棉质量。采棉机作业质量应符合NY/1133—2006要求。

《机采棉单产皮棉 3 000 kg/hm² 栽培技术规程》

（博尔塔拉蒙古自治州农业地方标准 DBN6527/T 002—2019）

1 范围

本标准规定了机采棉皮棉单产 3 000 kg/hm² 栽培技术的术语定义、生产目标、基本要求、技术规程、机械采收等。

本标准适用于博尔塔拉蒙古自治州机采棉单产皮棉 3 000 kg/hm² 的栽培技术操作，其他类似地区可参照执行。

2 规范性引用文件

下列文件对于本文件的应用是必不可少的。凡是注日期的引用文件，仅所注日期的版本适用于本文件。凡是不注日期的引用文件，其最新版本（包括所有的修改单）适用于本文件。

GB 4407.1—2008　经济作物种子 第 1 部分 纤维类

GB 8321.10—2018　农药合理使用准则

GB/T 21397—2008　棉花收获机

NY 400—2000　硫酸脱绒与包衣棉花种子

NY/T 1133—2006　采棉机 作业质量

NY/T 1276—2007　农药安全使用规范　总则

NY/T 1384—2007　棉种泡沫酸脱绒、包衣技术规程

NY/T 1426—2007　棉花纤维品质评价方法

3 术语与定义

下列术语和定义适用于本标准。

3.1 宽等行 wide equal line

行距较宽，且宽度相等，是区别于宽行、窄行相间种植的一种种植方式。

3.2 优质棉 high-quality cotton

符合纺织工业需要，各纤维品质指标匹配合理的棉花（NY/T 1426—2007 定义 3.8）。

3.3 精量播种 precision sowing

使用棉花精量播种机械，按照栽培要求将预定数量的高质量棉花种子每穴 1 粒播到棉田土壤中适当位置的播种技术方法。

4 生产目标

4.1 产量目标

皮棉单产 3 000 kg/hm²。

4.2 品质目标

优质棉比例 90% 以上。纤维品质达到 AA 级以上，其中，纤维长度 ≥29 mm、长度整齐度指数≥83、断裂比强度≥30 cN/tex、马克隆值 3.7~4.9、异性纤维含量<0.40 g/t（NY/T 1426—2007）。

5 基本要求

5.1 气候条件

满足早熟棉霜前自然吐絮率不低于 80% 的要求、≥10 ℃ 积温在 3 500 ℃以上、无霜期≥170 d。

5.2 灌排条件

棉田水源和配套的灌排系统能满足棉花生育期需水量及冬春灌水需求。

5.3 土壤条件

土壤质地主要以轻沙壤土、壤土、轻黏土为宜，土壤肥力中等以上。地势平坦，有利于采棉机作业，作业条件符合 GB/T 21397—2008 要求。

6 技术规程

6.1 播前准备

结合增施有机肥，秋季翻耕深 30 cm 左右，基肥施尿素 30~60 kg/hm²、磷酸一铵或磷酸二铵 120~150 kg/hm² 和水溶性钾肥（45~75 kg/hm²）。春耕时结合耙地清除残膜等杂物；播前施用 2 700~3 000 mL/hm² 二甲戊乐灵或其他相同效果的除草剂对土壤进行封闭处理，砂质土壤用量偏低，黏土地用量可适当增加。播种前土壤达到"平（土地平整）、齐（地边整齐）、松（表土疏松）、碎（土碎无坷垃）、墒（足墒）、净（土壤干净无杂草、秸秆、残膜等杂物）"的标准。

6.2 播种

6.2.1 品种选择和种子精选　选用纤维品质优良（机采棉籽清、皮清后达到预定品质目标）、适合机械采收、抗病、抗逆性强、高产（增产潜力大）、早熟或特早熟的棉花品种；种子播前晒种、精选，按大小粒分级，田间分级播种，实现整齐出苗、均匀一致。种子质量优于 GB 4407.1—2008、NY 400—2000、NY/T 1384—2007 的指标，其中种子发芽率在 85% 以上，以适应单粒穴播需要。

6.2.2 播种期　当膜下 5 cm 地温连续 3 d 稳定通过 12 ℃时即可播种，正常年份在 4 月 5—20 日为宜，保证实现 4 月苗。

6.2.3 播种方式　采用铺管（滴灌管带）、铺膜、压膜、精量穴播、覆土等一体机播种，要求每穴单粒率95%以上、空穴率2%以下。使用厚度≥0.01 mm，宽度2.05 m的地膜，一膜六行（63+13+63+13+63+13 cm）宽窄行3管，滴灌带铺设在3个窄行中间；或一膜三行（等行距76 cm）3管，每行1条滴灌带铺设在棉行5 cm距离处。也可宽度1.25 m的地膜，一膜二行（或4行）2管。

6.2.4 种植密度和株高 播种密度18万~27.75万株/hm^2，配合密度株高控制在75~95 cm，果枝始节高度22~25 cm为宜，改善群体采光结构，提高光能利用率。

6.2.5 播种深度 播深1.5 cm，覆土厚度1.0~1.5 cm。

6.2.6 覆膜和播种质量 采用膜厚≥0.01 mm，拉力、强度优于国家标准的地膜，铺膜平展紧贴地面，压膜严实，覆土适宜；滴水管带播种时确保迷宫朝上，滴头朝播种行，位置准确；铺膜压膜铺设管带不错位、不移位；地头毛管轧紧固定，防治风灾和水肥流失；播行端直，深浅一致，覆土均匀，接行准确，不漏不重；播量精准，空穴率2%以下，单粒率95%以上，种子与膜孔错位率3%以下，出苗率90%以上。

6.3 田间管理

6.3.1 播后管理 播后立即完善滴灌设施，接好出地孔及接头。需滴水出苗的棉田，24 h内滴水，滴水量以浸润区与播种行相接而又不造成地面径流为准（若盐碱较重的地块，浸润区超过播行5~10 cm）。一般冬茬灌棉田滴水75~150 m^3/hm^2；未贮水灌溉的棉田滴水150~225 m^3/hm^2；滴水3~5 d后若土壤墒情不足，需补充出苗水。如播后遇雨，在种行覆土尚未板结成壳时，采用人力和机力在1~2 d内完成破除板结。

6.3.2 子叶期管理

6.3.2.1 主攻目标：增强棉苗抗逆能力。

6.3.2.2 壮苗标准：出苗均匀，整齐度在90%以上；出苗后子叶平展、肥厚、微下垂，子叶节较粗，长度5.5 cm左右，子叶宽4.0~4.5 cm，子叶无伤痕，不带棉壳。棉苗根系为白色。出苗整齐，实现早苗、全苗、齐苗、匀苗、壮苗。

6.3.2.3 管理技术

辅助放苗，雨后及时破除板结。

及时防治虫，棉花出苗率达到80%以上时蓟马虫害棉苗无头率达3%~5%时，可选用吡虫啉或啶虫脒进行防治。

6.3.3 苗期管理技术（5月5—25日）

6.3.3.1 主攻目标：促壮苗早发，生长稳健。

6.3.3.2 壮苗标准：2叶平，两片真叶与子叶在一个平面上，叶面平展，中心稍凸起，叶色浅绿，主茎节间短、粗，株高6 cm左右；4叶平横，4叶时株宽大于株高，棉株矮胖，株高15 cm左右，主茎日生长量0.5 cm左右。

6.3.3.3 管理技术

适时中耕：使接行土质疏松，中耕做到"宽、深、松、碎、平、严"，要求中耕不拉钩、不拉膜、不埋苗，土壤平整、松碎，镇压严实。中耕深度12~14 cm，耕宽不低于22 cm。田间无杂草为害。

防治虫害。选用吡虫啉或啶虫脒预防蚜虫、蓟马为害，卷叶株率控制在1%以下。

6.3.4 蕾期管理技术（5月26日至6月25日）

6.3.4.1 主攻目标：壮而不旺，搭好丰产架子。

6.3.4.2 壮苗标准：实现6月初现蕾。现蕾时叶片6~7叶，棉株上下窄，中间宽，叶色亮绿，顶心舒展，株高25 cm左右，日生长量1.2~1.5 cm，正常现蕾；6月5—10日盛蕾期，叶片9~11片，棉田叶色深绿，株高40 cm左右，日生长量1.0~1.5 cm，主茎节间长度5~7 cm，蕾大而壮。

6.3.4.3 管理技术

地膜回收：头水前采用省工高效的膜边松土切膜回收机回收边膜，或采取行间"机器切、人工收"的方式回收边膜，以便于后期回收剩余残膜，残膜回收率80%以上。

水肥管理：一般6月5—10日滴头水，用水量270~300 m^3/hm^2，以浸润区超过棉行10~15 cm为宜。随水滴入尿素15~30 kg/hm^2、磷酸一铵或磷酸二铵45~60 kg/hm^2、螯合态硼肥1.5 kg/hm^2和螯合态锌肥7.5 kg/hm^2。6月15—25日滴2水，滴水量270~300 $m^3 h/m^2$；加入尿素30~45 kg/hm^2、磷酸一铵或磷酸二铵60 kg/hm^2、水溶性钾肥15~30 kg/hm^2。

除草：通过中耕或人工清除旋花、苍耳、龙葵、稗草等恶性杂草，做到棉花全生育期田间无杂草。

3~5叶期与治虫的同时喷施缩节胺7.5~15 g/hm^2，培育壮苗，增强抗逆能力。

预防病虫害：可选用哒螨灵、阿维菌素、炔螨特等防治红蜘蛛；选用吡虫啉、啶虫脒等防治棉蚜，啶虫脒与吡虫啉交替使用，提高防治效果。随水滴入1 kg/hm^2枯草芽孢杆菌或其他复合微生物菌剂若干预防枯黄萎病。

6.3.5 花铃期管理（6月25日至8月25日）

6.3.5.1 主攻目标 减少花铃脱落，力争多结铃、结大铃。

6.3.5.2 壮苗标准 初花期日生长量1.6~1.8 cm，叶片12~15片，果枝7~9台，叶片大小适中，叶色稍深，生长点舒展，红茎比60%左右，群体陆续开花。

盛花期：株高 75~95 cm，叶片大小适中，不肥厚，开花量 70%以上，红茎比 70%，行间接近封行，有 5%~10%透光率。

盛铃期：8 月初棉田群体红花盖顶，叶色转深，植株老健清秀，至 8 月中下旬，至少一枝一成铃，铃饱满、结实，无脱落。

6.3.5.3　管理技术

化学调控：棉田以水控为主，4~5 叶期适时化控，结合水控在打顶后顶部果枝伸长 5~7 cm 或现第二个蕾时进行化学封顶，喷施缩节胺 75~105 g/hm^2，对缩节胺敏感的品种酌情减量，待顶部果枝第二果节 2~3 cm 时进行化控，喷施缩节胺 150~225 g/hm^2，将株高控制在 75~95 cm，一般不超过 100 cm。

水肥管理：花铃期施肥总量按照尿素 525~600 kg/hm^2、磷酸一铵或磷酸二铵 180~270 kg/hm^2、水溶性钾肥 225~300 kg/hm^2；配施硼肥 3 kg/hm^2 和锌肥 7.5 kg/hm^2。

初花期（6 月 25 日至 7 月 15 日）：滴水 2 次，滴水量 375~450 m^3/hm^2，每水施入尿素 45~60 kg/hm^2、磷酸一铵或磷酸二铵 30~45 kg/hm^2、水溶性钾肥 30~45 kg/hm^2，此时期滴施螯合态硼肥 3 kg/hm^2 和螯合态锌肥 7.5 kg/hm^2。

盛花期（7 月 15 日至 8 月 10 日）：滴水 3~4 次，滴水量 375~450 m^3/hm^2，每水施入尿素 90~120 kg/hm^2、磷酸一铵或磷酸二铵 30~45 kg/hm^2、水溶性钾肥 45~60 kg/hm^2。

盛铃期（8 月 10 日至 8 月 31 日）：滴水 2 次，滴水量 300~450 m^3/hm^2，滴入尿素 30~45 kg/hm^2，水溶性钾肥 15~30 kg/hm^2；最后一次滴水不施肥量。8 月 10—15 日喷施尿素 3 kg/hm^2+磷酸二氢钾 4 kg/hm^2，预防早衰或红叶茎枯病。

打顶：坚持适时早打顶的原则，一般 7 月 5 日左右打顶结束，不宜晚于 7 月 10 日。化学打顶比人工打顶推迟 7~10 d，不宜晚于 7 月 15 日。

虫害防治：加强田间调查，做好棉叶螨、棉蚜、棉铃虫、棉盲蝽和蓟马等虫害的综合防治。农药使用按照 GB 8321.10—2018、NY/T 1276—2007 执行。

6.3.6　吐絮期管理（9 月 1 日至 10 月 15 日）

6.3.6.1　主攻目标　增铃重，促早熟，提品质，防早衰，防晚熟。

6.3.6.2　壮苗标准　青枝绿叶吐白絮，棉铃吐絮畅而不垂落。

6.3.6.3　管理技术

对于有早衰征兆的棉田，开展叶面喷肥。

调查防治后期虫害。

适时喷洒脱叶催熟剂。选择适宜的催熟脱叶剂,可采用乙烯利 1 050~1 500 mL/hm^2+噻苯隆 300~450 g/hm^2 或脱吐隆 225~300 g/hm^2 对水适量,于日平均气温在 18 ℃ 以上(喷药时棉株自然吐絮率 30% 以上、上部棉铃成铃后 35 d 以上、喷药后 5~7 d 的日平均气温不低于 15 ℃,夜间最低温度不低于 12 ℃)时喷透、喷匀棉株。一般喷洒脱叶剂时间为 9 月 5—15 日,若 5~7 d 后脱叶差或贪青晚熟的棉花需进行 2 次脱叶。脱叶催熟效果不低于 GB/T 21397—2008 要求,符合采棉机作业标准。

7　适时机采

7.1　采收时间

当脱叶催熟施药后 20 d 左右,脱叶率达到≥90%,吐絮率≥90%,籽棉自然含水率符合机采标准时进行机械采收。机械进地具体时间以早晚避开露水为宜,一般在 10—24 时进行。

7.2　采收技术

机械采收要依据机采品种在棉田的具体表现:株高、吐絮铃部位、植株型状等,宜选自走式打包采棉机等采棉机型,并调试机械,提高采收效果。采棉机调试按照 GB/T 21397—2008 执行。作业质量符合 NY/1133—2006 标准。

《机采棉脱叶催熟技术规程》

(博尔塔拉蒙古自治州农业地方标准 DBN6527/T 003—2019)

1 范围

本标准规定了机采棉脱叶催熟技术的术语和定义、基本要求、技术规程、效果检查及采收。

本标准适用于博州棉区机采棉花脱叶催熟技术操作。其他类似地区可参照执行。

2 规范性引用文件

下列文件对于本文件的应用是必不可少的。凡是注日期的引用文件,仅所注日期的版本适用于本文件。凡是不注日期的引用文件,其最新版本(包括所有的修改单)适用于本文件。

GB 8321.10—2018 农药合理使用准则

GB/T 24677.1 喷杆喷雾机 技术条件

NY/T 650 喷雾机(器)作业质量

NY/T 1133 采棉机 作业质量

NY/T 1276 农药安全使用规范 总则

NY/T 3213 植保无人飞机 质量评价技术规范

3 术语和定义

下列术语和定义适用于本标准。

3.1 机采棉 cotton by cotton-picker

适用于采棉机采收的棉花。

3.2 棉花脱叶催熟 cotton defoliation ripening

在棉花吐絮期,为了棉花机械收获作业而采用化学药剂对棉花植株上的叶片调控促其提前落叶、棉铃集中吐絮的手段,是机械采收前的必要环节,从而提高棉花机械采收效率、降低机采棉杂含率。

3.3 农药母液 pesticide mother liquor

将农药原液按照配制倍数,加入一定质量或一定体积的水或其他稀释剂配制而成的药液,以便配制更高稀释倍数的药液。

4 基本要求

4.1 药剂

符合质量标准，经试验、应用效果好且经济。

4.2 施药机械

经检测，可保证作业质量和效果。

4.3 施药棉田

可保证施药机械顺畅作业。

5 技术规程

5.1 施药前准备

棉花吐絮后适当降低棉田水分（土壤田间持水量控制在55%～70%），减少或控制氮肥施用，促进棉铃成熟、集中吐絮，棉叶营养转运老化，提高喷洒脱叶催熟剂效果。

清除棉田中的障碍物、残膜残管和杂草等，尤其是龙葵等恶性杂草，以免影响棉花质量；标记无法清除的障碍物；行车路线做到不重不漏。

5.2 施药适期

棉田吐絮率达到30%左右，棉株上部棉铃成铃后35 d以上；施药前后3～5 d的日最低气温应不低于12 ℃，日平均气温不低于18 ℃；用药后5～7 d天气晴好，光照充足，日平均气温15 ℃以上。一般喷洒脱叶剂时间为9月15日前，若5～7 d后脱叶差或贪青晚熟的棉花需进行补喷同样剂量的脱叶剂。

5.3 药剂选择

脱叶剂选用噻苯隆、脱吐隆、锐脱隆等，催熟剂选用乙烯利，同时选择相应的药液助剂，以增强脱叶剂、催熟剂的附着力与渗透力，提高施药效果。

5.4 药剂用量

吐絮率30%左右时可采用40%乙烯利水剂1 050～1 500 mL/hm^2+噻苯隆450～600 mL/hm^{2}或脱吐隆225～300 mL/hm^2，兑水适量喷洒全株；吐絮率高的用下限，反之用上限；助剂按使用说明书要求使用。

5.5 药液配制

田间喷施前需将脱叶剂、催熟剂和助剂各自配成一定浓度的母液，以促进溶解和提高施药精确度。

药箱加药应将提前配制的母液依次按脱叶剂、催熟剂、脱叶剂助剂加入。加农药母液同时启动药箱内搅拌泵，然后加水至规定浓度并搅拌均匀。药液宜随混随用，不宜隔夜放置。药剂使用应按照GB 8321.10—2018执行。

5.6 田间作业

作业机具选择高地隙高架喷雾机等,悬挂牵引式喷杆喷雾机且行走速度宜为 4~5 km/h,大型自走式喷杆喷雾机行走速度宜为 8~12 km/h。喷杆喷雾机技术条件应符合 GB/T 24677.1 要求。喷施药液要均匀,不重不漏,喷后叶片受药率≥95%。喷雾机(器)作业质量应符合 NY/T 650 要求。

5.7 无人机施药

选用植保无人飞机施药时,宜采用超微量高浓度喷洒,植保无人机在整个作业过程中应保持匀速和稳定高度,避免作业中的漏喷和重喷。植保无人飞机作业质量应符合 NY/T 3213 要求。

5.8 安全防护

施药作业时要戴口罩、防护镜和橡胶手套,穿保护性工作服,严禁吸烟和饮食。施药安全按照 NY/T 1276 执行。药瓶等触药类包装物要集中放置,用毕统一处理或收贮。

6 效果检查及采收

6.1 效果检查

施药后 3~5 d,田间检查如有漏喷应及时补施;5~7 d 应检查药效,脱叶、催熟效果差的应酌情第二次用药。喷药后 12 h 内若遇雨,应根据降水量确定重喷药量与时期。

6.2 适时采收

施药 15~20 d 当棉株吐絮率 90% 以上、脱叶率 90% 以上、籽棉自然含水率≤10% 符合机采标准时及时采收。采棉机作业质量应符合 NY/1133—2006 要求。

《机采棉化学封顶技术规程》

（博尔塔拉蒙古自治州农业地方标准 DBN6527/T 004—2019）

1 范围

本标准规定了机采棉化学封顶的术语和定义以及技术规程。

本标准适用于博尔塔拉蒙古自治州机采棉花化学封顶技术操作，其他条件相似的地区亦可参照使用。

2 规范性引用文件

下列文件对于本文件的应用是必不可少的。凡是注日期的引用文件，仅所注日期的版本适用于本文件。凡是不注日期的引用文件，其最新版本（包括所有的修改单）适用于本文件。

GB 8321.10—2018　农药合理使用准则

GB 10395.6—2006　农林拖拉机和机械 安全技术要求　第6部分：植物保护机械

GB/T 21397—2008　棉花收获机

NY/T 1133　采棉机作业质量

NY/T 1276　农药安全使用规范　总则

DB65/T 2263—2005　细绒棉滴管种植技术规程

3 术语和定义

下列术语和定义适用于本标准。

3.1 机采棉 cotton by cotton-picker

适用于采棉机采收的棉花。

3.2 化学封顶 chemical topping

利用植物生长调节物质强制延缓或抑制棉花顶尖生长，控制其无限生长习性，从而达到类似人工打顶调节营养生长与生殖生长的目的。

3.3 农药母液 pesticide mother liquor

将农药原液按照配制倍数，加入一定质量或一定体积的水或其他稀释剂，配制而成的药液，以便配制更高稀释倍数的药液。

4 技术规程

4.1 化学封顶前的准备

4.1.1 化学封顶剂选择　宜选用缩节胺以及类似功能的药剂。

4.1.2 施药机车机具准备 提前维修、检测喷药机械，清洗喷药机械的容器和药液循环系统；配备必要的稀释母液的容器和用具。机具操作人员提前接受技术培训，要达到熟练操作程度。喷药机械安全技术按照 GB 10395.6 执行。

4.1.3 施药前棉田管理 加强棉花管理，使棉株生长发育正常稳健。如棉花长势过旺，可在化学封顶前 5~10 d 喷洒 15~30 g/hm^2 缩节胺稀释一定浓度的水溶液；如果棉苗较弱，可以喷洒叶面肥：3 kg/hm^2 尿素 + 2.25 kg/hm^2 磷酸二氢钾加水适量稀释。施药前 3~4 d 棉田滴水一次，滴水量和氮肥用量酌情减少 20% 左右。化学封顶后，结合滴水滴肥确保顶部成铃并提高铃重。

4.2 喷药时间

棉花株高 80~90 cm、果枝数 8~10 台，一般 7 月 5—15 日，较通常人工打顶推迟 7~10 d。

4.3 药剂用量

PDC+（25%缩节胺水剂）用量 750 mL/hm^2，或缩节胺（97%粉剂）180 g/hm^2 用水量 450~600 L/hm^2，采用顶喷方式机械喷药。对于长势偏旺的棉田可适当增加药量；对于沙质土壤、发育较早、长势较弱的棉田可适当减少用药量。

4.4 配药方法

药剂使用按照 GB/T 8321.1 要求操作。药剂需进行二次稀释，具体方法：用量杯量取所需要的药量，倒入提前备好的水桶中稀释成母液并搅拌均匀；然后倒入已加 1/2 水的药箱，最后给药箱加水至应有数量，搅拌均匀备用。

4.5 喷药技术

4.5.1 机车喷药前先在田外试喷，确保机械部件连接牢固、喷头雾化良好、喷药量和位置准确、机械运转正常、过滤环节顺畅等。

4.5.2 喷药位置，每个喷头对准 1 行棉花，喷头在棉花主茎顶部之上 20~30 cm。

4.5.3 喷洒药液量 450~600 kg/hm^2；或按照施药机械性能要求进行调整。

4.5.4 喷雾压力稳定在 0.4 MPa。

4.5.5 行走速度控制在二挡，4 km/h，喷洒药液时数量准确无误，不重喷、不漏喷。

4.5.6 作业期间观察喷头喷雾、过滤、药液输送等环节，严禁、跑、冒、滴、漏现象发生。

4.6 注意事项

4.6.1 化学封顶剂可与缩节胺相互调剂使用,不可与农药、叶面肥混合使用。

4.6.2 根据喷药机具往返一次的面积,确定药量和水量,做到定点、定时、定量添加。

4.6.3 喷药时田间风速不高于 4 m/s。

4.6.4 避开露水期和一天中高温阶段喷药,以 17—18 时喷药效果较好。

4.6.5 喷药后如遇雨,视间隔时间和药剂说明书要求,需要补喷的及时适量补喷。

4.6.6 作业结束及时清洗药箱。

4.7 化学打顶后棉田管理技术

4.7.1 喷施化学封顶剂 10 d 后若棉株仍旺长,需喷施缩节胺(97%粉剂)150~225 g/hm^2,喷洒中、上部枝叶。

4.7.2 化学封顶后,待单株有 2~3 个成铃,重施 3 次水肥,随水滴入尿素 90~120 kg/hm^2、磷酸一铵或磷酸二铵 45~60 kg/hm^2、水溶性钾 45~60 kg/hm^2。白花上顶时,因中下部铃水肥需求大,化学封顶后的棉株顶部水势低,水肥供应相对紧张,易造成蕾铃脱落,固此时在重肥基础上加施 30~60 kg/hm^2 磷酸二氢钾,同时叶面喷施含锌、硼等微量元素的保花保铃的叶面肥,以增加顶部桃的座果率。

4.7.3 土壤田间持水量低于 60%以下及时滴水抗旱;水肥管理执行 DB65/T 2263—2005。

4.7.4 机采棉田于 8 月底至 9 月上旬、棉株吐絮率≥30%时喷洒脱叶催熟剂(药后连续 5 d 内平均气温不低于 15 ℃,最低气温 12 ℃以上),乙烯利 1 050~1 500 mL/hm^2+噻苯隆 300~450 g/hm^2 或脱吐隆 225~300 g/hm^2 兑水适量喷洒棉铃和枝叶。当棉株吐絮率 95%以上,脱叶率 90%以上,籽棉自然含水率符合机采标准,且棉株上无杂物,如塑料残物、化纤残条等时采收。采棉机和机采棉质量要符合 GB/T 21397 和 NY/T 1133 要求。

4.7.5 棉花收摘结束,及时进行回收滴灌带、残膜等,施基肥、犁地、平地达待播状态。

《戈壁地机采棉花高产优质生产技术规程》

（博尔塔拉蒙古自治州农业地方标准 DBN6527/T 005—2019）

1 范围

本标准规定了博州戈壁地机采棉花高产优质生产技术规程的术语定义、生产目标、基本要求、技术规程、机械采收等。

本标准适用于博州戈壁地机采棉花高产优质生产，其他类似地区可参照执行。

2 规范性引用文件

下列文件对于本文件的应用是必不可少的。凡是注日期的引用文件，仅所注日期的版本适用于本文件。凡是不注日期的引用文件，其最新版本（包括所有的修改单）适用于本文件。

GB 4407.1—2008 经济作物种子 第1部分 纤维类

GB 8321.10—2018 农药合理使用准则

GB/T 21397—2008 棉花收获机

NY 400—2000 硫酸脱绒与包衣棉花种子

NY/T 1133—2006 采棉机 作业质量

NY/T 1276—2007 农药安全使用规范 总则

NY/T 1384—2007 棉花泡沫酸脱绒、包衣技术规程

NY/T 1426—2007 棉花纤维品质评价方法

3 术语和定义

下列术语和定义适用于本标准。

3.1 宽窄行 wide equal line

行距为宽行 63 cm、窄行 13 cm 相间种植的一种种植方式。

3.2 优质棉 high-quality cotton

符合纺织工业需要，各纤维品质指标匹配合理的棉花（NY/T 1426—2007 定义 3.8）。

3.3 精量播种 precision sowing

使用棉花精量播种机械，按照栽培要求将预定数量的高质量棉花种子每穴 1 粒播到棉田土壤中适当位置的播种技术方法。

3.4 戈壁地 gobi field

将地面几乎被粗沙、砾石所覆盖,植物稀少的荒漠开垦出来并种植作物的田地。

4 生产目标

4.1 产量目标

皮棉单产 3 000 kg/hm^2。

4.2 品质目标

优质棉比例 90% 以上。纤维品质达到 AA 级以上,其中,纤维长度 ≥29 mm、长度整齐度指数 ≥83、断裂比强度 ≥30 cN/tex、马克隆值 3.7~4.9、异性纤维含量 <0.40 g/t(NY/T 1426—2007 4.7)。

5 基本要求

5.1 气候条件

满足早熟棉、中早熟棉霜前自然吐絮率不低于 80% 的要求,≥10 ℃ 积温在 3 500 ℃ 以上,无霜期 ≥170 d。

5.2 灌排条件

棉田水源和配套的灌排系统能满足棉花生育期的用水需求,全生育期需水量 7 500~9 000 m^3/hm^2。

5.3 土壤条件

土壤质地主要以砂石和壤土为主。地势平坦,土壤肥力中等以上。

6 技术规程

6.1 播前准备

秋季施入尿素 50 kg/hm^2 和磷酸一铵或磷酸二铵 75~105 kg/hm^2,翻耕入土。春耕时结合耙地清除残膜等杂物;播前施用除草剂对土壤进行封闭处理。播种前土壤达到"平(土地平整)、齐(地边整齐)、松(表土疏松)、净(土壤干净无杂草、秸秆、残膜等杂物)"的标准。

6.2 播种

6.2.1 品种选择和种子精选

选用纤维品质优良(机采棉籽清、皮清后达到预定品质目标)、适合机械采收、抗病、抗逆性强、高产(增产潜力大)、早熟或中早熟的棉花品种;种子播前晒种、精选,按大小粒分级,田间分级播种,实现整齐出苗、均匀一致。种子质量优于 GB 4407.1—2008、NY 400—2000、NY/T 1384—2007 的指标,其中,种子发芽率在 85% 以上,以适应单粒穴播需要。

6.2.2 播种期

当膜下 5 cm 地温连续 3 d 稳定通过 12 ℃ 时即可播种,正常年份在 4 月 5—20 日为宜,确保实现 4 月苗。

6.2.3 播种方式

采用铺管（滴灌管带）、铺膜、压膜、精量穴播、播种行覆土等一体机播种，要求每穴单粒率95%以上、空穴率2%以下。膜厚≥0.01 mm，膜宽2.05 m，一膜六行，63 cm+13 cm宽窄行相间种植，3条滴灌带，滴灌带位于窄行中间。机器行走速度缓慢，减少浮籽。

6.2.4 种植密度

采用16穴精量点播机，株距9.5 cm，播种密度27.75万株/hm^2。

6.2.5 播种深度

播深1.5 cm，覆土厚度1.0~1.5 cm。

6.2.6 覆膜和播种质量

采用膜厚≥0.01 mm，拉力、强度优于国家标准的地膜，铺膜平展紧贴地面，压膜严实，覆土适宜；滴水管带每2行棉花一带，播种时确保迷宫朝上；铺膜压膜铺设管带不错位、不移位；地头毛管轧紧固定，防治风灾和水肥流失；播行端直，深浅一致，覆土均匀，接行准确，不漏不重；播量精准，空穴率2%以下，单粒率95%以上，种子与膜孔错位率3%以下，浮籽率10%以下，出苗率70%以上。

6.3 田间管理

6.3.1 播后管理

播后立即完善滴灌设施，接好出地孔及接头。需滴水出苗的棉田，24 h内滴水，滴水量以浸润区与播种行相接而又不造成地面径流为准。棉田滴水150~225 m^3/hm^2，随水滴入腐植酸、枯草芽孢杆菌或其他复合微生物菌剂，预防枯黄萎病。滴水3 d后，视墒情进行滴第2~3次出苗水，防止种子出芽后失水；如播后遇雨，在种行覆土尚未板结成壳时，采用人力和机力在1~2 d内完成破除板结。

6.3.2 子叶期管理

6.3.2.1 主攻目标 增强棉苗抗逆能力。

6.3.2.2 壮苗标准 出苗均匀，出苗后子叶平展、肥厚、微下垂，子叶节较粗，长度5.5 cm左右，子叶宽4.0~4.5 cm，子叶无伤痕，不带棉壳。棉苗根系为白色。出苗整齐，实现早苗、匀苗、壮苗。

6.3.2.3 管理技术

辅助放苗：雨后及时破除板结。

预防蓟马：棉花现行时蓟马虫害棉苗无头率达3%~5%时，可选用吡虫啉或啶虫脒进行防治。

化学调控：与治虫的同时喷施缩节胺7.5~15 g/hm^2，培育壮苗，增强抗逆能力。

6.3.3 苗期管理技术（5月5—25日）

6.3.3.1 主攻目标 促壮苗早发，生长稳健。

6.3.3.2 壮苗标准 2叶平，两片真叶与子叶在一个平面上，叶面平展，中心稍凸起，叶色浅绿，主茎节间短、粗，株高6 cm左右；4叶平横，四叶时株宽大于株高，棉株矮胖，株高15 cm左右，主茎日生长量0.5 cm左右；果枝始节高度不低于25 cm。

6.3.3.3 管理技术

适时中耕：使接行土质疏松，中耕做到"宽、深、松、平、严"，要求中耕不拉钩、不拉膜、不埋苗，土壤平整、松碎，镇压严实。中耕深度12~14 cm，耕宽不低于22 cm。田间无杂草为害。

防治虫害：选用吡虫啉或啶虫脒预防蚜虫、蓟马为害，卷叶株率控制在1%以下。

水肥管理：适时滴水，叶子不萎蔫不进水，用水量150~225 m^3/hm^2，随水滴施尿素10~15 kg/hm^2、磷酸一铵或磷酸二铵15~30 kg/hm^2、钾肥0.75~1.5 kg/hm^2。

6.3.4 蕾期管理技术（5月25至6月25日）

6.3.4.1 主攻目标 壮而不旺，搭好丰产架子。

6.3.4.2 壮苗标准 实现5月底现蕾。现蕾时叶片6~7叶，棉株上下窄，中间宽，叶色亮绿，顶心舒展，株高25 cm左右，日生长量1.2~1.5 cm，正常现蕾；6月5—10日盛蕾期，叶片9~11片，棉田叶色深绿，株高40 cm左右，日生长量1.0~1.5 cm，主茎节间长度5~7 cm，蕾大而壮。

6.3.4.3 管理技术

适当调整滴水量或周期：一般用水量150~225 m^3/hm^2，滴水周期4~7 d，以浸润区超过棉行10~15 cm为宜。每次滴施尿素15~30 kg/hm^2、磷酸一铵或磷酸二铵25~30 kg/hm^2、水溶性钾肥15 kg/hm^2。此时期滴施螯合态硼肥3 kg/hm^2和螯合态锌肥7.5 kg/hm^2。除草：通过中耕或人工清除旋花、苍耳、龙葵、稗草等恶性杂草，做到棉花全生育期田间无杂草。预防病虫害：可选用哒螨灵、阿维菌素、炔螨特等防治红蜘蛛；选用吡虫啉、啶虫脒等防治棉蚜，啶虫脒与吡虫啉交替使用，提高防治效果。随水滴入1 kg/hm^2枯草芽孢杆菌或其他复合微生物菌剂若干预防枯黄萎病。

6.3.5 花铃期管理（6月26日至8月25日）

6.3.5.1 主攻目标 减少花铃脱落，力争多结铃、结大铃。

6.3.5.2 壮苗标准

初花期：日生长量1.6~1.8 cm，叶片12~15片，果枝7~9台，叶片大小适中，叶色稍深，生长点舒展，红茎比60%左右，群体陆续开花。

盛花期：株高80~100 cm，果枝8~10台，叶片大小适中，不肥厚，开花量70%以上，红茎比70%，行间接近封行，有5%~10%透光率。

盛铃期：8月初棉田群体红花盖顶，叶色转深，植株老健清秀，至8月下旬，至少一枝一铃，每株平均有3~4果枝有2个铃或多个铃，铃饱满、结实，无脱落。

6.3.5.3 管理技术

化学调控：棉田以水控为主，在打顶后顶部果枝伸长5~7 cm或现第2个蕾时，进行第1次化学封顶，喷施缩节胺120~150 g/hm²，待顶部果枝第二果节2~3 cm时，如长势较旺可进行第2次化控，喷施缩节胺150~225 g/hm²，不旺长只进行1次化控，将株高控制在90~100 cm，一般不超过110 cm。

水肥管理：滴水量225~300 m³/hm²，滴水周期为3~5 d。花铃期施肥总量按照尿素600~675 kg/hm²、磷酸一铵或磷酸二铵180~270 kg/hm²、水溶性钾肥225~300 kg/hm²；配施硼肥3 kg/hm²和锌肥7.5 kg/hm²。6月26日至7月15日以氮磷肥为主、钾肥为辅、微肥补充；每水滴入尿素20~45 kg/hm²、磷酸一铵或磷酸二铵30~45 kg/hm²、水溶性钾肥15~30 kg/hm²，此时期滴施螯合态硼肥3 kg/hm²和螯合态锌肥7.5 kg/hm²。7月15日至8月15日，以氮钾为主、磷肥为辅；每水滴入尿素45~60 kg/hm²、磷酸一铵或磷酸二铵15~30 kg/hm²、水溶性钾肥30 kg/hm²。8月15日以后逐步降低肥料用量；每水滴入尿素15~30 kg/hm²、磷酸一铵或磷酸二铵0~15 kg/hm²、水溶性钾肥15 kg/hm²。

打顶：坚持适时早打顶的原则，一般7月5日前人工打顶结束，不宜晚于7月10日。若用化学打顶剂封顶，按照人工打顶日期推迟7~10 d，采用顶喷式喷用化学封顶剂。

虫害防治：加强田间调查，做好棉叶螨、棉蚜、棉铃虫、棉盲蝽和蓟马等虫害的综合防治。农药使用按照GB 8321.10—2018、NY/T 1276—2007执行。

6.3.6 吐絮期管理（8月26至10月15日）

6.3.6.1 主攻目标 增铃重，促早熟，提品质，防早衰，防晚熟。

6.3.6.2 壮苗标准 青枝绿叶吐白絮，棉铃吐絮畅而不垂落。

6.3.6.3 管理技术

水肥管理：8月26日至9月5日，棉花进入吐絮期后，滴水周期延长4~7 d，尿素30 kg/hm²，水溶性钾肥7.5~15 kg/hm²，9月5日前停水停肥。

喷洒脱叶催熟剂：选择适宜的催熟脱叶剂，可采用乙烯利1 050~

1 500 mL/hm²+噻苯隆 300~450 g/hm² 或脱吐隆 225~300 g/hm² 对水适量，于日平均气温在 18 ℃以上（喷药时棉株自然吐絮率 30%以上、上部棉铃成铃后 35 d 以上、喷药后 5~7 d 的日平均气温不低于 15 ℃，夜间最低温度不低于 12 ℃）时喷透、喷匀棉株。一般喷洒脱叶剂时间为 9 月 5—15 日，若 5~7 d 后脱叶差或贪青晚熟的棉花需进行 2 次脱叶。脱叶催熟效果不低于 GB/T 21397—2008 要求，符合采棉机作业标准。喷施脱叶剂时间不宜晚于 9 月 15 日。

7 适时机采

7.1 采收时间

当脱叶催熟喷药后 15~20 d，脱叶率达到≥95%，吐絮率≥90%，籽棉自然含水率符合机采标准时进行机械采收。机械进地具体时间以早晚避开露水为宜，一般在 10—24 时进行。

7.2 采收技术

机械采收要依据机采品种在棉田的具体表现：株高、吐絮铃部位、植株性状等，选择相应的采棉机型，并调试机械，提高采收效果。采棉机调试按照 GB/T 21397—2008 执行。作业质量符合 NY/T 1133—2006 标准。

《西北内陆棉区中长绒棉栽培技术规程》

（农业行业标准 NY/T 3251—2018）

1 范围

本标准规定了西北内陆棉区中长绒棉的术语定义、生产目标、基本要求、栽培技术、收获和异性纤维防控等。

本标准适用于西北内陆棉区中长绒棉生产。

2 规范性引用文件

下列文件对于本文件的应用是必不可少的。凡是注日期的引用文件，仅所注日期的版本适用于本文件。凡是不注日期的引用文件，其最新版本（包括所有的修改单）适用于本文件。

GB 4407.1　经济作物种子　第1部分：纤维类

GB/T 8321　农药合理使用准则（所有部分）

NY 400　硫酸脱绒与包衣棉花种子

NY/T 1276　农药安全使用规范　总则

NY/T 1384　棉种泡沫酸脱绒、包衣技术规程

3 术语与定义

下列术语和定义适用于本标准。

3.1 中长绒棉 mid-long staple cotton

纤维上半部平均长度31~34 mm，以32 mm为标准长度级，且强度、细度等其他品质指标符合国家较高等级优质棉标准的棉花。

3.2 精量播种 precision sowing

使用棉花精量播种机械，按照栽培要求将预定数量的高质量棉花种子每穴1粒播到棉田土壤中适当位置的播种技术方法。

3.3 异性纤维 foreign fiber

混入棉花中的非棉纤维和非本色棉纤维，如化学纤维、毛发、丝、麻、塑料膜、塑料绳、染色线等。

4 生产目标

4.1 品质目标

棉纤维上半部平均长度31~34 mm，长度整齐度指数≥83%，断裂比强度≥34 cN/tex，马克隆值3.7~4.4。

4.2 产量目标

皮棉产量每公顷2 200 kg以上，霜前花率不低于90%。

5 基本要求

5.1 气候条件

≥10 ℃年活动积温不低于3 800 ℃；7月平均温度≥25 ℃；6月、7月、8月≥15 ℃活动积温不低于2 200 ℃；年日照时数≥2 800 h；无霜期≥190 d。

5.2 灌排条件

田地配套灌排系统、水源能满足棉花生育期需水量及冬春灌需求。

5.3 土壤条件

土壤质地主要以轻沙壤土、壤土、轻黏土为宜。地势平坦，土壤肥力中等以上。

6 栽培技术

6.1 播前准备

秋季翻耕深30 cm左右，施足有机肥。春耕时结合耙地清除残膜等杂物；播前施用除草剂对土壤进行封闭处理。

6.2 播种

6.2.1 品种选择

选用符合优质中长绒棉生产目标，适应当地自然条件、生产条件，具有优质、抗病、丰产、抗逆等综合性状的早熟、早中熟品种。棉花种子质量应符合GB 4407.1的规定，种子脱绒包衣质量应符合NY 400、NY/T 1384的规定。

6.2.2 播种期

当膜下5 cm地温连续3 d稳定通过12 ℃时即可播种，正常年份在4月5—20日为宜。

6.2.3 播种方式

采用铺管（滴灌管带）、铺膜、压膜、精量穴播、播种行覆土等一体机播种，要求每穴单粒率95%以上、空穴率2%以下。膜厚≥0.01 mm，膜宽2.05 m，一膜三行，76 cm等行距种植，每行1条滴灌带。

6.2.4 种植密度

高产棉田（公顷产皮棉2 250~3 000 kg），播种密度13.5万~15.0万株/hm^2；一般棉田（公顷产皮棉1 500~2 250 kg），播种密度15.0万~18.0万株/hm^2。

6.2.5 播种深度

播深1.5 cm，覆土厚度1.0~1.5 cm。

6.3 田间管理

6.3.1 滴灌

干播湿出田块及时滴出苗水，6月上中旬适时滴头水，滴灌一般间隔7~10 d，视墒情和天气适当调整。8月下旬至9月上旬停水。

6.3.2 施肥

棉花生育期每公顷施入氮（N）240~300 kg、磷（P_2O_5）120~150 kg、钾（K_2O）180~200 kg。其中，氮肥的20%、磷肥的50%~60%可作基肥，其余的作追肥。

根据棉花长势和土壤质地，结合滴灌耦合追施磷钾肥，初花期追施30%~40%、花铃期追施60%~70%。补施硼、锌等微量元素肥料每公顷15~30 kg。

6.3.3 化控

膜下滴灌棉田2片真叶期化控，每公顷缩节胺（98%甲哌鎓）用量4.5~7.5 g加水适量喷叶，弱苗可不调；5~7叶期每公顷用缩节胺7.5~15.0 g，一般不超过22.5 g；盛蕾期每公顷用缩节胺22.5~30.0 g，若要灌水，可在灌水前2~3 d喷洒；花铃期采用水控与化控结合，只对点片较旺长的棉花喷施，一般不进行大面积的机力喷施；打顶后8~10 d用缩节安120~225 g喷施1次，之后视长势确定是否喷施第二次。

6.3.4 打顶

单株保留果枝9~11台，株高控制在90~100 cm，早熟棉区7月3日前后、早中熟棉区7月8日前后打顶结束。

6.3.5 病虫害防治

采用农业防治、生物防治、物理防治、化学防治方法防治病虫为害，最大限度减少土壤和环境污染。化学农药防治按照GB/T 8321、NY/T 1276执行。

6.3.6 杂草防治

检疫把关，严格控制检疫性杂草交互携带传播；清除田内及其田埂路旁杂草，控制繁殖扩散；高温腐肥，灭活杂草种子；结合田间中耕、开沟施肥灭除杂草；选用无污染、无残留的除草剂灭除杂草。

6.4 脱叶催熟

日平均气温在18 ℃以上，喷药时棉株自然吐絮率40%以上，上部棉铃铃期45 d以上。喷药时喷透、喷匀，喷药后5~7 d的日平均气温不小于15 ℃，夜间最低温度不小于12 ℃，选择适宜催熟脱叶剂喷洒棉株。

7 收获

7.1 机械采收

棉花采摘采用采棉机收获，当棉株吐絮率95%以上、脱叶率95%以上、籽棉自然含水率符合机采标准时及时采收。

7.2 异性纤维防控

收获前清除田间破碎地膜、废弃编织袋等，人工采收地头等环节要使用棉布兜、棉布袋，头戴棉布帽，严防异性纤维混入。

《西北内陆棉区棉花全程机械化生产技术规范》

(农业行业标准 NY/T 3485—2019)

1 范围

本标准规定了我国西北内陆棉区棉花生产全过程机械化的术语定义、基本要求，耕整地、播种、田间管理、采收储运、残膜滴灌带回收和秸秆处理等作业环节的技术要求。

本标准适用于我国西北内陆棉区棉花生产机械化作业。

2 规范性引用文件

下列文件对于本文件的应用是必不可少的。凡是注日期的引用文件，仅注日期的版本适用于本文件。凡是不注日期的引用文件，其最新版本（包括所有的修改单）适用于本文件。

GB 4407.1　经济作物种子　第1部分：纤维类

GB 8321　农药合理使用准则

GB/T 24677.1　喷杆喷雾机　技术条件

NY/T 650　喷雾机（器）　作业质量

NY/T 1227　残地膜回收机　作业质量

NY/T 1276　农药安全使用规范　总则

NY/T 1559　滴灌铺管铺膜精密播种机质量评价技术规范

NY/T 2086　残地膜回收机操作技术规程

3 术语和定义

下列术语和定义适用于本文件。

3.1 田间作业路线 field operation track

应用卫星定位导航系统进行精准规划，可实现播种机直线作业、并为后续各环节机械作业提供基准支持的作业路线。

3.2 边膜 edge film

棉花采用地膜覆盖方式种植而将地膜边缘埋入土壤中的部分。

4 基本要求

4.1 品种选择

选用通过国家或省级审定的，早熟抗病、株型紧凑、棉株最下部吐絮铃距地面20 cm以上、抗倒伏、吐絮集中、成熟一致、不夹壳、含絮力适中，对脱叶剂敏感、适宜机械采收的棉花品种。种子为经过精选、分级处理的棉花光子或包衣种子。种子质量应符合 GB 4407.1 规定，且发芽率不小于 95%。

4.2 机械要求

主要环节作业机械宜配备卫星定位导航系统，实现播种田间作业路线的精准规划，后续中耕、打药、棉花收获、残膜回收等作业可追寻播种田间作业路线。

棉田植保机械应选择高地隙高架喷雾机，离地间隙应在 80 cm 以上。行走轮应配套安装性能良好的分禾器，以减少棉株损伤。

4.3 操作要求

作业机械的操作人员应经过专业培训，并严格按照机械操作规程进行作业、调试和维护等。各环节作业机械宜在正式作业前进行调试，保证作业顺畅。

植保机械喷药后 24 h 内遇雨需根据降水量和用药类型酌情补施，或按农药使用说明要求办理。

5 耕整地

5.1 农艺要求

前茬作物收获后，及时处理秸秆；有残膜的田块使用残膜回收机清运残膜。棉田宜在腾茬后土壤宜耕期内适时耕翻。在播种前 3~5 d 适墒耙糖整地。根据测土配方选择底肥并进行深施，可采用先撒肥后耕翻或边耕翻边施肥的方式。棉田间隔 3~5 年深松一次，深松深度以打破犁底层为准。

5.2 机具选择

耕地宜选择与 73.5 kW 以上大马力拖拉机相配套的铧式犁，整地宜采用联合整地机或动力驱动耙，深松宜选择凿型铲、曲面铲深松机。

5.3 作业质量

耕深为 25~30 cm，且均匀一致。对于耕作层较浅、地下水位高、盐碱重的土地，耕深宜适当加深。对于犁底层下为沙土的，不应打破犁底层，以防漏水漏肥。

耕后沟底平整，无明显的垄台或垄沟。土垡翻转良好，地面残茬、杂草及肥料覆盖严密，不重耕、不漏耕，地头地边整齐，到边到角。

耙糖整地应耙深一致，一般轻耙深 8~10 cm，重耙深 12~15 cm，耙深合格率大于 90%。整地后地表平整、土壤细碎、上虚下实，一般要求虚土层厚度 3~4 cm。

6 播种

6.1 农艺要求

播种前按照除草剂使用要求采用喷杆式喷雾机，对待播田块喷施除草剂进行封闭处理。

当膜下 5 cm 地温连续 3 d 稳定超过 12 ℃时即可播种，正常年份在 4 月 5—20 日。高产棉田采用 76 cm 等行距一膜 3 行机采棉种植模式；一般棉田采用一膜三行 76 cm 等行距或一膜六行 66 cm+10 cm 机采棉种植模式。高产棉田播种密度 15 万~18 万株/hm^2；一般棉田播种密度 18 万~21 万株/hm^2。播深 2.0 cm 左右，种行膜面覆土厚度 1.0~1.5 cm。地膜厚度不小于 0.01 mm。

6.2 机具选择

宜选用能一次完成铺管铺膜及精密播种联合作业的播种机，并配套卫星定位导航系统。根据地块大小选用两膜 12/6 行或三膜 18/9 行的大型铺膜铺管精量播种机、一膜六行或一膜三行铺膜播种机。滴灌铺管铺膜精密播种机质量符合 NY/T 1559 规定。

6.3 播种质量

播行端直，行距一致，播量精准，空穴率 2%以下，单粒率 95%以上，种子与膜孔错位率 3%以下，播种深浅一致，覆土均匀。

铺膜平展紧贴地面，压膜严实，覆土适宜，膜面平整，采光面光洁，采光面积 60%以上，地膜破损程度每平方米内不应有周长 5 cm 的孔洞。边膜应可靠埋入土中，边膜距边行 10 cm 以上。

铺设的滴灌带不应有拉伸和弯曲，并按农艺要求的位置铺设在膜下。铺设滴灌带后应不影响铺膜质量。滴灌带铺设，一膜 6/3 行的应按一膜 3 管配置，播完种后应及时铺设支管，连接好滴管，及时滴出苗水。

7 田间管理

7.1 查苗

出苗期间应及时调查田间出苗情况，并采取放苗、定苗等相应措施确保全苗。

7.2 中耕

根据棉花生长和土壤墒情，合理安排中耕作业。一般苗期 3 遍，花铃期中耕 1 遍，中耕深度逐次由 10 cm 增加到 18 cm，其护苗带相应为前期 8~13 cm，后期 13~16 cm。中耕后做到耕层表面及底部平整，表土松碎，不埋苗，不压苗，不伤苗。作业机具选用行间中耕机、全面中耕机和通用型中耕机。

7.3 灌溉

灌溉方式为膜下滴灌。全生育期滴水 8~13 次，每次滴 4~6 h，亩用水 200~360 m³，停水时间一般在 8 月下旬至 9 月初。膜下滴灌设施宜采用水肥一体化灌溉设备。

7.4 施肥

棉花生育期每公顷施入氮（N）240~300 kg、磷（P_2O_5）120~150 kg、钾（K_2O）180~200 kg，其中氮肥的 20%、磷肥的 50%~60% 作基肥，其余的作追肥。初花期追施 30%~40%、花铃期追施 60%~70%。补施硼、锌等微量元素肥料每公顷 15~30 kg。

采用水肥一体化设施的结合滴灌进行追肥；无水肥一体化设施的田块可结合中耕作业进行追肥。

结合中耕作业追肥一般在定苗期、现蕾期、初花期各追肥一次，追肥深度 8~15 cm，前期浅、后期深，苗肥相距 10~15 cm，宜配中耕护苗器，追肥要适时、适量、均匀。

叶面追肥可结合打药或化学调控时进行，用尿素 1~1.5 kg 结合各类叶面肥、生长调节剂、微肥等。

7.5 病虫草防治

根据病虫草害的程度、抗药性来选择适宜的农药品种；按机具喷药流量和防治要求确定出亩用药量，并拟定植保机械行走路线、喷施方式和防护措施等。

棉田施药机械应选择高地隙高架喷雾机，离地间隙应在 80 cm 以上，宜选择高弹力吊杆式喷雾机和风幕式喷雾机，或应用低量喷雾、静电喷雾、高效精准施药机械等实现精准施药。喷杆喷雾机技术条件符合 GB/T 24677.1 要求，喷雾作业质量符合 NY/T 650 规定。化学农药防治按照 GB 8321、NY/T 1276 规定执行。根据棉田主要杂草选用合适的除草剂进行灭除。

7.6 化学调控

机采棉调控目标：棉株最下部吐絮铃距地面 20 cm 以上，主茎节间长度 6~7 cm，株高在 80~90 cm，伏前桃达到 1.3~1.5 个/株。

化控原则一般全期进行 3~5 次，苗期微控、蕾期轻控、头水前中控、花铃期重控、打顶后补控。

苗期植株较矮时选择吊杆式高效喷雾机，对棉行顶部喷洒；现蕾后宜选择风幕式喷杆喷雾机、航空植保机械，或带有双层吊挂垂直水平喷头喷雾机械，对上部喷雾和侧面吊臂喷洒；打顶后以喷洒上部果枝为主。

7.7 打顶

物理打顶根据棉花的长势、株高和果枝数等因素来确定适宜的打顶时间，立足促早熟。早熟棉区 7 月 5 日结束，早中熟棉区 7 月 10 日结束。

化学打顶选用氟节胺，当棉株高度在 55 cm 左右、果枝数达到 5 台时开始第 1 次施药；当棉株高度达到 70~75 cm、果枝数 8 台左右进行第 2 次施药。

第 1 次施药量 1 500 g/hm^2，加水 450 kg 稀释后喷施，生长过旺的棉田，酌情加入缩节胺混合使用；第 2 次施药量 150 g/亩，加水 600 kg 稀释后喷施。

打顶后棉株自然高度为 80~90 cm。

7.8 脱叶催熟

根据天气预报情况确定喷施时间，喷施药前后 3~5 d 的日最低气温应不低于 12.5 ℃，日平均气温不低于 23 ℃。喷药后 12 h 内若降中量的雨，应当重喷。

作业机具选择高地隙高架喷雾机或航空植保高效机械等，喷施脱叶剂要均匀。

8 采收储运

8.1 采前准备

确定进出棉田的路线，查看通往被采收棉田的道路、桥梁应满足机组通过要求；平整地头，便于采棉机及拉运棉花机车通行。

清除影响机具作业的田间障碍物，对作业中不易看清或不能清除的，应事先做出明显标志。

无机耕道的棉田必须人工先拾出地两端 15~20 m 的地头，要求将地头棉杆砍除并运出棉田。

8.2 作业机具

规模化种植的地块宜选择自走式打包采棉机、自走箱式采棉机或水平摘锭式采棉机。小地块可以采用自走式 3 行采棉机。采棉机工作幅宽宜与播种幅宽一致。采棉机应配备消防灭火设备。

8.3 采收时机

采收时棉株吐絮率应达到 95% 以上、脱叶率 92% 以上，籽棉含水率不大于 12%。

8.4 机采要求

采棉机田间作业速度控制在 4~5 km/h。应在无露水条件下作业，作业时间一般在 10—22 时，严禁在下雨和有露水的夜间作业。

8.5 采收储运

应用与采棉机相配套的装棉、打模、运输、开模等机械装备，实现采收、储运机械化。

9 残膜、滴灌带回收

9.1 回收时机

秋季棉花收获后回收滴灌带和覆膜,耕地前采用搂膜机进行回收残膜;苗期采用中耕切割机于浇头水前沿播种作业路线回收边膜;耕层内残膜主要在播种前进行耙地时回搂。

9.2 作业要求

残膜回收机械作业按照 NY/T 2086 执行,作业质量应符合 NY/T 1227 的要求。

9.3 作业机具

耕前残膜回收机械,选用弹齿式收膜机、链扒式捡拾机、残膜集条机、气吸式残膜回收机等;播前耕层内残膜清捡机械,选用耕后残膜清拣机、播前整地残膜回收机等。

采用滴灌带回收机回收田间废旧滴灌带。

10 秸秆处理

10.1 秸秆还田

应用秸秆粉碎还田机将采摘后的棉花秸秆直接粉碎,铺放于地表,机械深耕后翻入土壤。秸秆处理作业,应在棉花采收后及时进行,要求足墒、全量还田。对于高寒地区,棉秆产量大以及土壤肥力和墒度不足的地块,应在农艺技术人员的指导下确定合理的棉秆还田量,并适当补水。对发生严重病虫害的田块不宜进行棉秆还田。

秸秆粉碎还田,宜将秸秆有效粉碎,抛撒均匀、无堆积,长度不大于 10 cm、残茬高度不大于 8 cm。

10.2 秸秆回收

棉秸秆回收用作饲用配料的,宜采用秸秆切割联合收获机进行切割、打捆后运出,割茬高度 8 cm 左右。打捆结实,不散包。

10.3 作业机具

棉秸秆粉碎还田作业宜选用棉秸秆切碎还田机或具有棉秸秆切碎还田与残膜回收复式作业功能的棉秸秆处理机械,棉秸秆回收作业选择合适的切割回收机械。